PIERRE DE CARCAVY

INTERMÉDIAIRE DE FERMAT, DE PASCAL ET DE HUYGENS

BIBLIOTHÉCAIRE DE COLBERT ET DU ROI,

DIRECTEUR DE L'ACADÉMIE DES SCIENCES

PAR

M. CHARLES HENRY

EXTRAIT DU *BULLETTINO DI BIBLIOGRAFIA E DI STORIA
DELLE SCIENZE MATEMATICHE E FISICHE*
TOMO XVII. — MAGGIO, GIUGNO 1884.

PARIS,
GAUTHIER-VILLARS, SUCCESSEUR DE MALLET-BACHELIER,
Imprimeur-Libraire
DU BUREAU DES LONGITUDES, DE L'ÉCOLE POLYTECHNIQUE,
QUAI DES AUGUSTINS, 55.

Couverture inférieure manquante

PIERRE DE CARCAVY

INTERMÉDIAIRE DE FERMAT, DE PASCAL ET DE HUYGENS

BIBLIOTHÉCAIRE DE COLBERT ET DU ROI,

DIRECTEUR DE L'ACADÉMIE DES SCIENCES

PAR

M. CHARLES HENRY

EXTRAIT DU *BULLETTINO DI BIBLIOGRAFIA E DI STORIA DELLE SCIENZE MATEMATICHE E FISICHE*
TOMO XVII. — MAGGIO, GIUGNO 1884.

ROME
IMPRIMERIE DES SCIENCES MATHÉMATIQUES ET PHYSIQUES
Via Lata N.° 3.
1884

PIERRE DE CARCAVY

INTERMÉDIAIRE DE FERMAT, DE PASCAL ET DE HUYGENS

Bibliothécaire de Colbert et du Roi, Directeur de l'Académie des Sciences.

I.

Pierre de Carcavy, fils d'un banquier de Cahors, est né à Lyon (1). Il y avait dans le haut Languedoc, diocèse d'Alby, parlement et intendance de Toulouse, un petit village appelé Carcaves (2): ne serait-ce pas de là que sa famille tirait son origine et son nom?

Il est né dans les premières années du XVIIᵉ siècle; mais la date précise a échappé à mes recherches. Les Archives de la ville et du département à Lyon ne possèdent point son acte de naissance.

Le 20 juillet 1632, il était nommé Conseiller au Parlement de Toulouse. Voici sa commission telle qu'elle est conservée dans les archives du Parlement (3):

« Louis par la grâce de Dieu roy de France et de Navarre à tous ceux qui

---

(1) « *CARCAVIUS. Carca-||vius pater erat Trapezita Cadur-||censis, Lugduno oriundus, filius||verò » in aliud forum conversus, lit-||teris scilicet imbutus, Senatorio||primum munere Tolosæ Tectosa-||gum » functus, Lutetiæ mox in mag-||no consilio Senator fuerat ; sed. ac-||cisis rebus, quò fidem patris & » suam||liberaret, magno sanè animo cla-||vum deposuerat, & Liancurtio ope-||ram suam locaverat. » (SORBERIANA || *SIVE* || EXCERPTA || EX ORE || SAMUĒLIS SORBIERE. || PRODEUNT EX MUSÆO || FRANCISCI GRAVEROL J. || U. D. & Academici Regii Ne-||mausensis. || *ACCEDUNT EJUSDEM. TUM* || *Epistola de vita & scriptis* SAMUĒLIS(*sic*)||SORBIERE & JOAN. BAPT. Co-||TELIER, *tùm Epulæ ferales, sive* || *Fragmenti Marmoris Nemausini explanatio.*||TOLOSÆ,||Typis GUILLIELMI-LUDOVICI (*sic*) Co-||LOMYEZ & HIER. Posuël, (*sic*) || Regis Typograph. || M.DC.XCI. || *CUM PRIVILEGIO REGIS.* || page 86, lig. 8—19).

(2) « CARCAVES ou S. Salvy de Carcaves, dans || le haut Languedoc, Diocèse d'Alby, Parlement|| » & Intendance de Toulouse, Recette d'Alby, à || 123 habitans » (DICTIONNAIRE || UNIVERSEL || DE LA FRANCE'|ANCIENNE ET MODERNE||ET DE LA NOUVELLE FRANCE||ecc.||*TOME PREMIER.*||A PARIS,||Chez|| SAUGRAIN, Pere, Quai des Augustins, || près la ruë Gist-le-Coeur, || la Veuve J. SAUGRAIN, au milieu du Quai de Gêvres,||à la Croix-Blanche: || PIERRE PRAULT, à l'entrée du Quai de Gèvres, || au » Paradis. || M.DCC.XXVI. || *AVEC APPROBATION ET PRIVILEGE DU ROY.*||, page 634, col. 1, lig. 5—8.

(3) Archives de la Haute Garonne, Série B. Parlement, Edits: (reg. 17ᵐᵉ, fol. 186); LETTRES DE PROVISIONS DE L'ESTAT ET OFFICE DE CONSEILLER EN LA COUR, EN FAVEUR DE M.ᵉ PIERRE DE CARCAVI. — Ces Archives renferment encore des provisions de l'office de receveur général de la généralité de Toulouse octroyées à Jean Carcavy le 20 Mai 1616 et à Antoine de Carcavy le 9 juin 1628.

Les archives du Département du Lot ne renferment aucun renseignement relatif à Pierre de Carcavy. M. Combarieu, Archiviste, n'a pu retrouver (dans un ancien terrier de la ville de Cahors dressé en 1651) que la mention suivante d'un certain Antoine de Carcavy : « Monsieur Maistre An- » toine de Carcavy, conseiller du roy, recepveur général en décimes en Languedoc, tient une mai- » son à Cahors, un jardin aux Hortes, et une vigne au terrain de Cartaigni, allivré cent huit livres » sept soulz ».

» ces présentes lettres verront salut. Savoir faisons que nous à plain confians
» de la personne de nostre cher et bien amé M.ᵉ pierre de Carcavi et de ses
» sens, loyauté, prudhomye, expérience au faict de judicature et bonne dilli-
» gence, à icelluy pour ces causes et autres à ce nous mouvans, avons donné
» et octroyé, donnons et octroyons par ces présentes l'estat et office de Con-
» seiller lay en nostre cour de parlement de Tholoze, que naguières soulloit
» tenir et exercer deffunt M.ᵉ pierre Simon de Buet, dernier paisible posses-
» seur d'icellui, lequel estant décédé le vingt cinquiesme jour de novembre
» dernier, qu'il avoit payé l'annuel du dit office sa Vefve, tant en son nom
» que comme mère et tutrice des enfans du dit deffunt, et d'elle nous avons
» nommé et présenté le dit Carcavy par sa procuration cy attachée soubz notre
» contre scel, pour le dit estat et office avoir, tenir et doresnavant exercer, en
» jouir, user par luy aux honneurs, authorittés, prérogatives, prééminences,
» franchises, libertés, gaiges, droits, fruitz, proffitz, revenus et esmollumens
» accostumés et au dit estat et office appartenantz, tels et semblables et tout
» ainsy qu'en jouissoit le dit de Buet, tant qu'il nous plairra, encores qu'il
» n'aye vescu les quarante jours portés par noz ordonnances, de la règle des-
» quelles, attendeu le droit annuel par luy payé, nous avons le dit de Car-
» cavy relepvé et dispensé, relepvons et dispensons par ces d. présentes, pour-
» veu toutesfois qu'il n'aye aulcungz parens ou alliés en nostre d. cour,
» au degred de noz ordonnances, à peyne de nullité des présentes et de sa
» réception. Sy donnons en mandement à noz amés et féaux conseillers les
» gens tenans nostre cour de parlement à Tholoze, qu'après leur estre appareu
» des bonne vie, mœurs, conversation et relligion catholique, apostolique Ro-
» maine du dit de Carcavy et de luy prins et receu le serment en tel cas
» requis et accostumé, ilz le mettent, instituent ou fassent mettre et instituer
» de par nous, en possession et jouissance du dit office et d'icellui ensemble
» des honneurs, authorittés, prérogatives, prééminences, franchises, libertés, gai-
» ges, droits, fruitz, profitz, revenus et esmollumens dessus dits, le fassent,
» souffrent et laissent jouir et uzer pleinement et paisiblement et à luy obéir
» et entendre de tous ceux et ainsy qu'il appartiendra ez choses touchans et
» concernans le dit estat et office. Mandons en oultre à noz amés et féaux
» conseillers les présidens et trésoriers généraux de france au bureau des noz
» finances estably à Besiers, que par les recepveurs et payeurs des gaiges et
» droits des officiers de nostre d. cour, chescung en l'année de son exercice,
» ilz facent doresnavant par chescung an aux dits termes et en la manière
» accostumée, payer, bailher et deslivrer comptant au dit de Carcavy, les dits
» gaiges et droits au dit estat et office attribués. Car tel est nostre plaisir.
» En tesmoing de quoy nous avons fait mettre nostre scel à ces dites présen-

» tes. Donné à Paris, le vingtiesme juillet l'an de grâce mil six cens trente
» deux et de nostre règne le vingtroisiesme, et sur le reply, par le Roy, LECOQ.
» Scellées du grand sceau de cire jaulne à double queve. Les dites lettres ont
» esté registrées es registres des ordonnances royaulx de la cour de parlement
» de Tholoze, suivant l'arrest donné par nostre cour de parlement de Tholoze,
» le quatorziesme aoust dernier mil six cens trente deux. »

Carcavi se lia avec Pierre de Fermat, conseiller aux requêtes depuis le 14 mai 1631 (1), conseiller au Parlement le 16 janvier 1638 (2). C'est sous le nom de son ami que Fermat envoya à Descartes son traité « *de Maximis et Mini-* » *mis* » (3). Descartes écrit au Père Mersenne (4) :

---

(1) « Provision de L'estat et Office de Conseiller aux requêtes du parlement en Tholose en faveur » de M. Pierre Fermat » (Manuscrit de la Bibliothèque Nationale de Paris, coté « Fonds Fran- » cais, n.° 3280 Nouvelles Acquisitions », feuillet numeroté 17, *recto, verso*, feuillet 18, *recto*, lig. 1—10. — BULLETTINO ‖ DI‖BIBLIOGRAFIA E DI STORIA‖DELLE‖ SCIENZE MATEMATICHE E FISICHE‖ PUBBLICATO ‖ DA B. BONCOMPAGNI‖ecc. ‖ TOMO XIII. ‖ ROMA‖ TIPOGRAFIA DELLE SCIENZE MATEMA- TICHE E FISICHE‖Via Lata Num.° 3‖1880,‖page 438, lig. 25—41, page 439, lig. 1—31, LUGLIO 1880. — RECHERCHES SUR LES MANUSCRITS ‖ DE ‖ PIERRE DE FERMAT ‖ SUIVIES ‖ DE FRAGMENTS INÉDITS DE BACHET ET DE MALEBRANCHE ‖ PAR C. HENRY ‖ EXTRAIT DU *BULLETTINO DI BIBLIOGRAFIA E DI STORIA*‖*DELLE SCIENZE MATEMATICHE E FISICHE*‖TOMO XII. — LUGLIO, AGOSTO, SETTEMBRE, OTTOBRE 1879. ‖ ROME ‖ IMPRIMERIE DES SCIENCES MATHÉMATIQUES ET PHYSIQUES ‖ Via Lata, N.° 3. ‖ 1880.‖SUPPLÉMENT.‖EXTRAIT DU *BULLETTINO DI BIBLIOGRAFIA E DI STORIA*‖*DELLE SCIENZE MATEMATICHE E FISICHE* — TOMO XIII. — JUILLET 1880. ‖ page 218, lig. 20—41, page 219, lig. 1—29.

(2) « Lettres de don de l'office de Conseiller lay en la Cour en faveur de M.re Pierre fermat ‖ vac- » cant (*sic*) par le decés de M.re Pierre de Raynaldi » (Manuscrit de la Bibliothèque Nationale de Paris, coté « Fonds Francais, n.° 3280. Nouvelles Acquisitions, feuillet numéroté 14, *recto, verso*, feuillet 15, numéroté par erreur 19, *recto*, lig. 1—9). — BULLETTINO‖DI‖BIBLIOGRAFIA E DI STORIA‖DELLE‖SCIENZE MATEMATICHE E FISICHE‖etc.‖TOMO XIII.‖etc., page 439, lig. 35—40, page 440. — RECHERCHES SUR LES MANUSCRITS‖DE‖PIERRE DE FERMAT‖etc.‖PAR C. HENRY‖etc.‖SUPPLÉMENT.‖etc., page 219, lig. 35— 40, page 220. — Le manuscrit de la Bibliothèque Nationale de Paris coté « Fonds Français, n.° 3280 , » Nouvelles Acquisitions » d'après lequel nous avons publié (BULLETTINO‖DI‖ BIBLIOGRAFIA E DI STO- RIA ‖ etc. ‖ TOMO XIII. ‖ etc., page 438, lig. 25—41, pages 439—441. — RECHERCHES SUR LES MANU- SCRITS ‖ DE ‖ PIERRE DE FERMAT ‖ etc. ‖ par C. HENRY‖etc. ‖ SUPPLEMENT, ‖ etc., page 218, lig. 20— 41, pages 219—221) ce document, et l'autre cité dans la note 1 de cette page, est intitulé dans le *recto* de son premier feuillet « Matériaux ‖ Travail sur le géomètre ‖ Pierre Fermat ‖ Conseiller au » Parlem.t de Toulouse. ‖ Notes et lettres de lui et à lui. ‖ Quelques-unes autographes,‖ 27.‖Volu- » me de 193 feuillets ‖ 7. Juin 1875 ». Ce manuscrit composé de 198 feuillets, dont les 1er. et le 198e sont des gardes, les 1er—3e ne sont pas numérotés, et les 4e—196e sont numérotés dans les marges supérieurs des *recto* 1—103, est relié en carton couvert extérieurement de papier glacé. Sur le dos de ce manuscrit est collée une peau de maroquin vert sur laquelle est imprimé en or : » PAPIERS LIBRI ‖ 27 ‖ FERMAT. »

(3) « M. de Fermat persuadé qu'il manquoit quelque chose à‖ses objections sur la Dioptrique » de M. Descartes pour les‖mettre hors d'atteinte, ne doutoit nullement qu'il ne se ser-‖vit de son » avantage pour y répondre. C'est ce qui luy fit‖mettre dés-lors sa ressource dans l'espérance d'une » repli-‖que, où ce qu'il auroit à dire fût mieux digéré que la pre-‖mière fois. Mais dans l'intervale » du tems qu'il avoit fallu à‖ses objections pour aller de Toulouse à Paris & de Paris à‖Egmond » en Nord-Hollande, il reçût la Géométrie de M.‖Descartes par les soins du P. Mersenne : & ayant » lu ce trai-‖té, il luy envoya en diligence par le même Père son écrit *de* ‖ *Maximis & Minimis* sous le » nom de M. de Carcavi, qui étoit‖alors son confrére au Parlement de Toulouse qui avoit été jus-‖ques-là » le confident de ses études, qui fut aprés sa mort le dépo-‖sitaire de ses écrits, & qui a été depuis » Conseiller au Grand‖Conseil & Garde de la Bibliothéque du Roy jusqu'à la mort de‖M. Colbert.‖ » (LA VIE ‖ DE ‖ MONSIEUR ‖ DES-CARTES. ‖ *PREMIERE PARTIE.*‖A PARIS, ‖ Chez DANIEL HORTHEMELS, ruë saint Jacques, ‖ au Mécénas. ‖ M.DC.XCI. ‖ *AVEC PRIVILEGE DU ROI.* ‖ page 325, lig. 1—17).

(4) OEUVRES ‖ DE DESCARTES, ‖ PUBLIÉES ‖ PAR VICTOR COUSIN. ‖ TOME SEPTIÈME. ‖ A PARIS, ‖

(6)

> « J'ai reçu l'écrit de M. de Fermat avec un billet
> » que vous aviez mis dans le paquet du Maire, et
> » depuis j'ai attendu huit jours sans y répondre, pour
> » voir si je ne recevrois point cependant le paquet
> » que vous me mandez par ce billet m'avoir adressé
> » au même temps; mais je ne l'ai point reçu, et
> » ainsi je crains qu'il n'ait été perdu, au moins si
> » vous ne l'avez envoyé par une autre voie que par
> » la poste. Je vous renvoie l'original de sa dé-
> » monstration prétendue contre ma Dioptrique,
> » pourceque vous me mandiez que c'étoit sans le
> » su de l'auteur que vous me l'aviez envoyé; mais
> » pour son écrit *De maximis et minimis*, puisque
> » c'est un conseiller de ses amis qui vous l'a donné
> » pour me l'envoyer, j'ai cru que j'en devois rete-
> » nir l'original, et me contenter de vous en envoyer
> » une copie, vu principalement qu'il contient des
> » fautes qui sont si apparentes, qu'il m'accuseroit
> » peut-être de les avoir supposées, si je ne retenois
> » sa main pour m'en défendre ».

Cette lettre est datée du 18 janvier 1638 sur l'exemplaire possédé par la Bibliothèque de l'Institut de la première édition des Lettres de Descartes et en face de ces mots : « c'est un conseiller de ses amis », l'annotateur a écrit le nom de Carcavi.

La Bibliothèque de la ville de Toulouse possède un autre témoignage de cette amitié dans un exemplaire de la première édition publiée en 1632 des Dialogues de Galilée (1). Fermat écrivit sur le premier feuillet de garde :

> « Peut-être croirez-vous que pour me mettre en réputation et *per purgar*,
> » comme on dit, *la mala fama*, je prétends m'ériger en donneur de livres.
> » Vous en croirez ce qu'il vous plaira, mais, si c'était par hasard votre pensée,
> » apprenez donc, Monsieur, que vous n'avez pas touché au but. Je ne songe
> » en vous offrant les Dialogues italiens, ou système de Galilée, qu'à faire une
> » action de justice et à vous rendre maître de l'ouvrage d'un auteur qui ne
> » passerait, s'il vivait, que pour votre disciple. Recevez donc ce présent comme
> » vous étant dû, et ne me considérez point en ce rencontre comme un adroit
> » négociateur, mais comme un bon juge qui rejette comme une tentation l'idée
> » de votre grande et fameuse bibliothèque et ne se souvient que de la passion
> » qu'il a d'être tout a Vous. »

Au dessous de ce panégyrique il y a cette note d'une écriture que j'ai reconnue pour celle de Carcavy : « Ce billet est de Monsieur de Fermat Con-
» seiller au Parlement qui m'a fait présent de ce livre ».

Ces mots « d'un auteur qui ne passerait, *s'il vivait*, que pour votre disci-
» ple », marquent bien que l'hommage est postérieur à l'année 1642, date de la mort de Galilée. Carcavi avait déjà une fameuse bibliothèque; c'est

CHEZ F. G. LEVRAULT, LIBRAIRE, RUE DES FOSSÉS-MONSIEUR-LE-PRINCE, N.° 31; || ET A STRASBOURG, RUE DES JUIFS, N° 33. || M.DCCC.XXIV. || page 3, lig. 6—16. page 4, lig. 1—9.

(1) Cet exemplaire est coté sous le n.° 2217.

sans doute pour l'augmenter qu'il vint à Paris en ces années et acheta une
charge de conseiller au Grand Conseil.

Il ne négligea pas pourtant les mathématiques dont il avait sans doute
pris le goût dans la société de Fermat. En 1645, il fut un de ceux qui en-
voyèrent à Pell la réfutation de la quadrature du cercle de Longomontanus (1).
Il se lia avec Pascal, qui lui fit présent de sa machine arithmétique (2), avec
Roberval qu'il défendit toujours. Il correspondit activement avec Torricelli:
M. Ghinassi a publié une importante lettre adressée par ce géomètre à
Carcavi sur la parabole et sur les travaux de Fermat, et de Roberval (3) ;
j'en ai publié (4) une autre sur le même sujet (5). Dans le carton 29 des Archives

---

(1) LA VIE || DE || MONSIEUR || DES-CARTES.||*SECONDE PARTIE.* || A PARIS, || Chez DANIEL HORTHE-
MELS, ru° saint Jacques, || au Mécénas. || M.DC.XCI. || *AVEC PRIVILEGE DU ROI.*||page 274, lig. 5—
39, pag° 275, lig. 1—5.

(2) LA VIE || DE || MONSIEUR || DES-CARTES || *SECONDE PARTIE.*||etc. || page 378, lig. 17—25, page
565, col. 1, lig. 43—45.

(3) LETTERE || FIN QUI INEDITE||DI||EVANGELISTA TORRICELLI || PRECEDUTE || DALLA VITA DI LUI||
SCRITTA || DA GIOVANNI GHINASSI || CON NOTE E DOCUMENTI || FAENZA || DALLA TIPOGRAFIA DI PIETRO
CONTI || 1864 ||pag. 52—54, LETTERE || DI || EVANGELISTA TORRICELLI || XIX.

(4) ATTI || DELLA || R. ACCADEMIA DEI LINCEI || ANNO CCLXXVII || 1889—80.||SERIE TERZA||MEMO-
RIE || DELLA CLASSE DI SCIENZE MORALI , STORICHE E FILOLOGICHE || VOLUME V. || ROMA || COI TIPI
DEL SALVIUCCI || 1880 || page 505 , lig. 46—49, page 506, lig. 1—45. — REALE ACCADEMIA DEI LIN-
CEI||ANNO CCLXXVII || (1879—80) || GALILÉE, TORRICELLI, CAVALIERI, CASTELLI, || DOCUMENTS NOU-
VEAUX || TIRÉS DES BIBLIOTHÈQUES DE PARIS || PAR||M. CHARLES HENRY. || ROMA || COI TIPI DEL SAL-
VIUCCI || 1880 || page 15, lig. 45—49, page 16, lig. 1—45.

(5) Questa lettera di Evangelista Torricelli a Pietro Carcavi pubblicata interamente dal Sig.
Henry (ATTI || DELLA || R. ACCADEMIA DEI LINCEI || ANNO CCLXXVII || 1879—80 || SERIE TERZA || ME-
MORIE||DELLA CLASSE DI SCIENZE MORALI, STORICHE E FILOLOGICHE||VOLUME V, etc., pag. 505, lin.
46—49, pag. 506, lin. 1—45. — REALE ACCADEMIA DEI LINCEI||ANNO CCLXXVII (1879—80) || GALILÉE,
TORRICELLI, CAVALIERI, CASTELLI. || DOCUMENTS NOUVEAUX || TIRÉS DES BIBLIOTHÈQUES DE PARIS ||
PAR||M. CHARLES HENRY || pag. 15 , lin. 46—49, pag. 16, lin. 1—45) ha in questa edizione (ATTI ||
DELLA || R. ACCADEMIA DEI LINCEI || ANNO CCLXXVII || 1879—80 || SERIE TERZA || MEMORIE || DELLA
CLASSE DI SCIENZE MORALI, ecc. || VOLUME V. || ecc., pag. 506, lin. 45.—REALE ACCADEMIA DEI LIN-
CEI || ANNO CCLXXVII (1879—80) || GALILÉE, ecc. || PAR || M. CHARLES HENRY || ecc., pag. 16, lin. 45)
la data « D. Flor. Die 8.º Julij anno 1646 ». Carlo Roberto Dati, nato in Firenze nel giorno 2 di
ottobre del 1619 (BULLETTINO||DI||BIBLIOGRAFIA E DI STORIA||DELLE SCIENZE MATEMATICHE E FISICHE||
ecc.||TOMO VIII.||ROMA,||ecc.||1875,||pag. 277, lin. 4, 7—15, MAGGIO 1875. — EVANGELISTA TORRICELLI||
ED IL METODO DELLE TANGENTI || DETTO || *METODO DEL ROBERVAL* || NOTA DELL'ING.[RE] FERDINANDO
JACOLI||ecc.||ROMA||ecc. || 1875, pag. 15, lin. 4, 7—15), morto nel giorno 11 di gennaio del 1676 (BUL-
LETTINO || DI || BIBLIOGRAFIA || ecc. || TOMO VIII. || ecc. || pag. 277, lin. 5, 16—19) EVANGELISTA TOR-
RICELLI || ED IL METODO DELLE TANGENTI || DETTO || *METODO DEL ROBERVAL* || NOTA || DELL'ING.[RE]
FERDINANDO JACOLI||etc.||pag. 15, lin. 5, 16—19) nel raro opuscolo intitolato nella prima sua pagina,
numerata 1 (lin. 1—4) « LETTERA A FILALETI||DI TIMAVRO ANTIATE||Della Vera Storia della Cicloide,
e della Famosissima||Esperienza dell'Argento Vivo. »||e composto di 28 pagine in 4.º, nella 23ª delle
quali, numerata 27 (lin. 53) si legge : « In Firenze all' Insegna della Stella. 1663. Con licenza
» de' Superiori. », pubblicò quattro passi di questa importante lettera del Torricelli al Carcavi cioè:

« III.[mo] . . . . . Fermat » (ATTI || DELLA || R. ACCADEMIA DEI LINCEI || ANNO CCLXXVII || 1879-
80 || SERIE TERZA || MEMORIE || DELLA CLASSE DI SCIENZE MORALI, ecc. || VOLUME V. || ecc. , pag. 515,
lin. 46—47. — REALE ACCADEMIA DEI LINCEI || ANNO CCLXXVII (1879—80) || GALILÉE,||ecc.||PAR||M.
CHARLES HENRY || ecc., pag. 15, lin. 46—47. — LETTERA A FILALETI || DI TIMAVRO ANTIATE , ecc.,
pag. 26, lin. 35—36).

« Quod ad tangentes. . . . proposiunculae » (ATTI || DELLA || R. ACCADEMIA DEI LINCEI || ecc. || SERIE
TERZA||MEMORIE||DELLA CLASSE DI SCIENZE MORALI, ecc. || VOLUME V. || ecc. || pag. 516, lin. 16—22.

de l'Institut de France on trouve une chemise intitulée « Lettres de Torri-
» celli à Carcavj, Roberval, Mersenne » dans laquelle il ne reste plus actuel-
lement qu'une copie d'une lettre de Torricelli à Mersenne (1); toutes les
autres lettres ont disparu, ainsi que la liasse I du paquet 5 (n° 2) de l'armoire 7
de la Collection Baluze, (Bibliothèque Nationale) qui contenait d'après le Catalogue de Mouchet et Lalande avec trois lettres originales de Gronovius (2):

—REALE ACCADEMIA DEI LINCEI || ANNO CCLXXVII (1879—80) || GALILÉE,||ecc.||PAR||M. CHARLES HEN-
RY || ecc., pag. 16, lin. 13—22. — LETTERA A FILALETI || DI TIMAVRO ANTIATE || ecc., pag. 18, lin.
1—7), ove in vece di « proposiuncula » che certamente per errore trovasi nella detta edizione del-
l'Henry, un manoscritto Magliabechiano ha « Propositiunculę » (Codice della Biblioteca Nazionale di
Firenze (Sezione Palatina) intitolato nel *recto* della prima sua carta « Discepoli di Galileo || Tomo XL.
» Torricelli Evangelista||Volume 20. Carteggio scientifico || I., Discepoli di Galileo », carta numerata
38, *verso*, lin. 12—13', ed un altro manoscritto « propositiunculae » (Fonds Latin, n° 11196 della Biblioteca Nazionale di Parigi, carta numerata 23, *recto*, lin. 30), ed il detto opuscolo del Dati « pro-
» positionis » (LETTERA A FILALETI || DI TIMAVRO ANTIATE || ecc., pag. 18, lin. 7).

«Oro D. V. . . . imo solus juueni» (ATTI || DELLA || R. ACCADEMIA DEI LINCEI||ecc.||SERIE TER-
ZA || MEMORIE || DELLA CLASSE DI SCIENZE MORALI, ecc. || VOLUME V. || ecc., pag. 516, lin. 38—44. —
REALE ACCADEMIA DEI LINCEI||ANNO CCLXXVII||(1879—80)||GALILÉE, || ecc. || PAR || M. CHARLES HEN-
RY||ecc., pag. 16, lin. 38—44.— LETTERA A FILALETI||DI TIMAVRO ANTIATE||ecc., pag. 18, lin. 8—12), ove
in vece di « juueni ». nell'opuscolo intitolato «LETTERA A FILALETI||DI TIMAVRO ANTIATE », ecc.
(pag. 18, lin. 13). trovasi « inueni » in ciascuno de'due codici citati di sopra nella presente nota
(Discepoli di Galileo Tomo XL. Torricelli Evangelista || Volume 20. Carteggio scientifico || I.,||carta
39, *verso*. lin. 8. — Fonds Latin, n° 11196, carta numerata 23, *verso*, lin. 31).

« me inutilem. . . . 1646 » (ATTI || DELLA || R. ACCADEMIA DEI LINCEI || ANNO CCLXXVII || 1879
—80. || SERIE TERZA || MEMORIE || DELLA CLASSE DI SCIENZE MORALI, ecc. || VOLUME V. || ecc., pag.
516, lin. 44—45. — REALE ACCADEMIA DEI LINCEI||ANNO CCLXXVII (1879—80) || GALILÉE,||ecc.||PAR||
M. CHARLES HENRY || ecc., pag. 16, lin. 44—45. — LETTERA A FILALETI || DI TIMAVRO ANTIATE || ecc.,
pag. 26, lin. 37—38).

Di questa lettera del Torricelli si hanno due esemplari manoscritti citati di sopra (linee
12—14 della presente pagina 322), uno de'quali è nel codice manoscritto della Biblioteca Nazionale di Parigi contrassegnato «Fonds latin, n.° 11196 » (carta numerata 23, *recto verso*);
l'altro nel codice della carta numerata 38, *verso*, 39, *recto*, d'un codice manoscritto della
Biblioteca Nazionale di Firenze, contrassegnato « Sezione Palatina », intitolato nel *recto* della
prima sua carta « Discepoli di Galileo Tomo XL. Torricelli Evangelista || Volume 20. || Carteg-
» gio scientifico || I. || ». Di questi due esemplari manoscritti della lettera medesima, il Sig.
Henry non cita che il primo (ATTI || DELLA || R. ACCADEMIA DEI LINCEI || ANNO CCLXXVII || 1879
—80. || SERIE TERZA || MEMORIE || DELLA CLASSE DI SCIENZE MORALI, ecc. || VOLUME V. || ecc., pag.
499, lin. 33—38. — REALE ACCADEMIA DEI LINCEI || ANNO CCLXXVII (1879—80) || GALILÉE, ecc.||
PAR || M. CHARLES HENRY || ecc., pag. 9, lin. 33—38). La lettera medesima nel primo di questi due
esemplari (Fonds Latin, n° 11196, carta numerata 23, *verso*, lin. 33) la data « D. Flor. Die 8ª Julij anno
» 1646 », e nel secondo ha la data (Discepoli di Galileo Tomo XL. Torricelli Evangelista || Volume
20. Carteggio scientifico || I., carta numerata 39, *verso*, lin. 12): « D. Flor: die 8 Julij an. 1646 ».
Quindi è chiaro che per errore nell' opuscolo intitolato « LETTERA A FILALETI || DI TIMAVRO ANTIA-
» TE », ecc. (pag. 17, lin. 53), la lettera medesima dicesi scritta « a di 8 di Giugno 1646. », la vera
data di questa lettera trovandosi anche nell'opuscolo stesso (LETTERA A FILATETI || DI TIMAVRO AN-
TIATE || ecc., page 26, lig. 37—38) riportata così :

« D. Florentiae die
» 8. Iulij 1646. »

B. BONCOMPAGNI.

(1) DICTIONNAIRE || DE || PIÈCES AUTOGRAPHES || VOLÉES ‼ AUX BIBLIOTHÈQUES PUBLIQUES DE LA
FRANCE || précédé d'observations || SUR LE COMMERCE DES AUTOGRAPHES || PAR || LUD. LALANNE ET H.
BORDIER. || PARIS || LIBRAIRIE PANCKOUCKE || Rue des Poitevins, 8 et 14. || 1851,||page 258, lig. 10—12.
(2) DICTIONNAIRE || DE || PIÈCES AUTOGRAPHES || VOLÉES || AUX BIBLIOTHÈQUES PUBLIQUES DE LA
FRANCE || etc., page 150, lig. 11—18. — MM. Lalanne et Bordier (DICTIONNAIRE || DE || PIÈCES AU-

« une autre lettre originale du même sur
» un objet d'érudition, à M. Carcavi datée de 1671. »

Carcavi devint aussi l'ami de Mersenne. Le P. Hilarion de la Coste le cite parmi
les visiteurs ordinaires du père (1). Il adressa au savant Minime le 15 Octobre
1647 une lettre jusqu'ici inédite dont l'original a disparu de la Bibliothèque de
l'Observatoire, mais dont nous allons reproduire le texte d'après la copie
partielle de la Correspondance d'Hévélius (2) conservée à la Bibliothèque Nationale (Fonds Latin, n.° 10347, t. 1, pages 159-161).

« Reverende Pater

» Quod à me expetiisti , quodque á te meritissimus Author selenographiae
» Cardinalis Richelii Epitaphium expostulavit, libentissimè mitto, si quod aliud
» meæ erga illum observantiæ et summae quam ex ipsius observationibus cœpi
» voluptatis possem exhibere testimonium, facerem utique ex animo. Velim, si
» placet, per se sciat (cujus beneficio ea quae scripsit videre licuit) me ab ali-
» quibus diebus librum ex Casali sancti Evasii accepisse, quo, Sermone Italico
» rerum in Europa gestarum annis 1640, 41, et 42, series continetur, et libro
» tertio satis accuratè ejusdem Cardinalis vita delineatur. Authori nomen est
» Victorius Siri, patriâ Italus, et arcanorum Principum praecipuè Gallorum

---

TOGRAPHES ‖ VOLÉES ‖ AUX BIBLIOTHÈQUES PUBLIQUES DE LA FRANCE ‖ etc., page 150, lig. 18—19)
ajoutent que cette lettre autographe a figuré dans la vente Van Sloppen sous le n.° 522.

(1) LA VIE ‖ DV R. P. ‖ MARIN MERSENNE ‖ THEOLOGIEN, ‖ PHILOSOPHE ET MATHEMATICIEN ‖ de
l'Ordre des Peres Minimes. ‖ *Par F. H. D. C. Religieux du mesme.* ‖ *Ordre.* ‖ A PARIS, ‖ Chez ‖ SEBA-
STIEN CRAMOISY, ‖ (Imprimeur ordin. du Roy, ‖ & de la Reyne Regente, ‖ ET ‖ GABRIEL CRAMOISY, ‖
ruë S. ‖ Iacques ‖ aux Ci-‖cognes. ‖ M.DC.XLIX. ‖ *AVEC APPROBATION.* ‖ pages 60—75 , page 76 ,
lig. 1—11.

(2) Cette copie de la correspondance d'Hévelius qui occupe trois manuscrits de la Bibliothèque
Nationale de Paris, cotés «Fonds Latin, n.° 10347, 10348, 10349», dont les titres sont rapportés par
M. Béziat (BULLETTINO ‖ DI ‖ BIBLIOGRAFIA E DI STORIA ‖ DELLE ‖ SCIENZE MATEMATICHE E FISICHE‖
PUBBLICATO ‖ DA B. BONCOMPAGNI ‖ etc. ‖ TOMO VIII. ‖ etc. ‖ ROMA ‖ TIPOGRAFIA DELLE SCIENZE MA-
TEMATICHE E FISICHE‖Via Lata Num.° 211, A ‖ 1875, page 651, lig. 23—45, DICEMBRE 1875. — LA VIE
ET LES TRAVAUX ‖ DE JEAN HÉVELIUS ‖ PAR ‖ L. C. BÉZIAT ‖ EXTRAIT DU *BULLETTINO DI BIBLIOGRAFIA
E DI STORIA ‖ DELLE SCIENZE MATEMATICHE É FISICHE* ‖ TOMO IX. SETTEMBRE, OTTOBRE, NOVEM-
BRE E DICEMBRE 1875 ‖ ROME ‖ IMPRIMERIE DES SCIENCES MATHÉMATIQUES ET PHYSIQUES ‖ Via Lata
Num.° 211 A. ‖ 1876 ‖ page 127, lig. 23—45), est indiquée par M. Léopold Delisle ainsi (BIBLIOTHÈ-
QUE ‖ DE L'ÉCOLE ‖ DES CHARTES ‖ REVUE D'ERUDITION ‖ CONSACRÉE SPÉCIALEMENT A L'ÉTUDE DU
MOYEN AGE. ‖ VINGT-TROISIÈME ANNÉE. ‖ TOME TROISIÈME.‖CINQUIÈME SÉRIE. ‖ PARIS. ‖ J.-B. DUMOU-
LIN, ‖ LIBRAIRE DE LA SOCIÉTÉ DE L'ÉCOLE IMPÉRIALE DES CHARTES ‖ QUAI DES AUGUSTINS, 13 ‖
M DCCC LXII , page 508 , lig. 6 , SIXIÈME LIVRAISON . ‖ *Juillet-Août* 1862. — INVENTAIRE ‖ DES ‖
MANUSCRITS ‖ CONSERVÉS A LA BIBLIOTHÈQUE IMPÉRIALE ‖ SOUS LES N°s 8823—11503 DU FONDS LA-
TIN ‖ ET FAISANT SUITE A LA SÉRIE ‖ DONT LE CATALOGUE A ÉTÉ PUBLIÉ EN 1744 ; ‖ PAR ‖ LÉOPOLD
DELISLE, ‖ MEMBRE DE L'INSTITUT. ‖ PARIS ‖ AUGUSTE DURAND, LIBRAIRE-ÉDITEUR , ‖ RUE DES GRÉS ,
7. ‖ 1863 ‖ page 71, lig. 6) :

« 10347—10349 Copie de la correspondance de Hevelius. XVIII. s. Trois v. »

M. Béziat a donné une indication des lettres qui font partie de cette correspondance (BULLETTINO‖
DI ‖ BIBLIOGRAFIA E DI STORIA ‖ DELLE ‖ SCIENZE MATEMATICHE E FISICHE,‖etc. TOMO VIII,‖etc., page
653, lig. longues 13—51, pages 654—657 , page 658 , lig. 3—65. — LA VIE ET LES TRAVAUX ‖ DE
JEAN HÉVELIUS ‖ PAR ‖ L. C. BÉZIAT ‖ etc., page 129, lignes longues 13—51, pages 130—133, page 134,
lig. 3—65).

» scientissimus ! Ex ejus scriptis ea quae ad organa capitis praedicti Cardinalis
» pertinent huc excerpta transcripsi, quod ea Doctissimo Observatori grata fore
» existimârim, qui si integrum Historici Itali librum desiderat, mittam statim
» ac desiderium suum Tuae R.ᵉ per literas significaverit, enixè rogo ut sciat (*sic*)
» quam primum â clarissimo Hevelio, an velit suum selenographiae librum mihi
» impertiri, eumque inter sarcinas aut merces cuiuspiam mercatoris hùc ve-
» nalem transmittere, nec gratias solummodò rependam, sed quod jubebit pre-
» tium statim exsolvam. (1)

» Vale P. R. et me ama.

» Lutetiae Parisiorum die 15.ᵃ Octobris 1647.

» Tuus ex corde
» De Carcavy » (2).

Mersenne ajoute (p. 161) :

» Qui ad me scripsit haec oïa est Vir doctissimus in omnibus, praesertim in
» Mathematicis, isque Senator Magni Consilii : qui, viso apud me tuo libro, il-
» lius exarsit amore. Si quando huc alia exemplaria mittantur, sum Consilio
» ut viro gratissimo cures unum exemplar tuo nomine offerri ».

Carcavi reçut la Sélénographie et les oeuvres postérieures de l'astronome
de Dantzig : le 21 Avril 1679, Hévélius lui envoyait la seconde partie de sa
Machine Céleste, et lui écrivait entre autres choses (3) :

« Cumprimis vero plurimum, Vir magne et Literarum decus, tibi debeo,
» quod ante aliquot annos adeo humanissimo vultu Partem Priorem Ma-
» chinae meae Coelestis exceperis ; qua comitate accensus Parte tandem
» altera Ejusdem opusculi annuente Divina Gratia in lucem nunc edita
» volui etiam illam eo animo quo omnes Literarum Maecenates, inter quos me-
» rito etiam tu es recensendus, nunquam non veneror et suspicio,, tibi offerre
» tuisque oculis ac sublimi judicio exponere, non dubitans quin pagellas illas,

---

(1) Suit la transcription du passage de Vittorio Siri depuis les mots: « *Aperto il corpo* »,
jusqu'aux mots: « *e tutto in ciascheduna ancora* », etc. (DEL MERCVRIO ‖ Ouero ‖ HISTORIA ‖
De' correnti tempi ‖ DI ‖ D. VITTORIO SIRI ‖ CONSIGLIERE ELEMOSINARIO, ‖ & Historiografo della Maestà
Christianissima. ‖ TOMO SECONDO. ‖ Seconda Editione‖riueduta, e ricorretta dall'Auttore.'‖*Alla Maestà
Christianissima* ‖ ANNA D'AVSTRIA ‖ Regina Madre del Rè LVIGI XIV. & Regente di Francia. ‖ IN CA-
SALE, M.DC.XXXXVIII. ‖ Per Christoforo della Casa. ‖ *CON LICENZA, E PRIVILEGIO.* ‖ DEL MERCV-
RIO ‖ DI ‖ D. VITTORIO SIRI ‖ Tomo Secondo ‖ LIBRO TERZO ‖ page 1470, lig. 4—13,) et de l'épitaphe
de Richelieu.

(2) M. Béziat a indiqué cette lettre ainsi (BULLETTINO ‖ DI ‖ BIBLIOGRAFIA E DI STORIA ‖
DELLE ‖ SCIENZE MATEMATICHE E FISICHE ‖ etc. ‖ TOMO VIII ‖ etc., page 656, lig. 21. — LA VIE ET
LES TRAVAUX ‖ DE JEAN HÉVÉLIUS ‖ PAR ‖ L. C. BÉZIAT ‖ etc., pag. 132, lig. 21):
« DE CARCAVY (t. 1, p. 159—161). »

(3) Fonds latin. 10349, tome XIII, f. 218—219.

» licet sint leviusculae, cum tamen videas bona intentione in Gloriam divinam
» ad promovendas ea parte Res astronomicas et dilatanda Scientiarum Artiumque
» pomœria, non sine aliquo labore atque sumptu a decem fere lustris hucus-
» que esse concinnatas, benevole quoque accipias, ut sic totum opusculum sup-
» pleri atque integrari possit. » (1)

Carcavi, s'il en faut croire Baillet, connaissait Descartes depuis 1646 (2). Après la mort de Mersenne il offrit au célèbre philosophe sa correspondance. Celui-ci l'agréa par lettre du 11 juin 1649 (3); il lui demandait en même temps des nouvelles de l'expérience de Pascal sur l'ascension du mercure dans un tuyau suivant les différentes altitudes, avec un intérêt d'autant plus vif que, disait-il, il avait inspiré à Pascal l'idée de l'expérience deux ans auparavant (4); il le priait de demander à Roberval la solution d'une difficulté de Fermat touchant les équations entre 5 ou 6 termes incommensurables (5). Le 9 juillet 1649 Carcavi répondit que la relation de l'expérience du Puy de Dome était imprimée déjà depuis quelques mois (6); il lui communiquait ensuite ce que Roberval lui avait dit relativement à la difficulté de Fermat ci-dessus mentionnée (7), et lui envoyait aussi de la part de Roberval l'indication de fautes relevées dans la Géométrie de Descartes (8). Le 17 août 1649 Descartes répliquait par une vive réfutation des assertions de Roberval (9), à laquelle le 24 Septembre 1649 Carcavi repondait par une défense de Roberval (10). Descartes rompit alors avec Carcavi. Baillet nous a conservé le passage suivant d'une lettre de Carcavi à Clerselier en date du 6 novembre 1649 (11) :

« Je ne feray
» point de réponse à la lettre de M. Carcavi, parce qu'en-
» core qu'il ait pris la peine de l'écrire de sa main, elle ne
» contient néanmoins que les sentimens de M. de Roberval,
» qui semble ne s'étudier qu'à médire de moy. Il ne me fait
» envoyer ses prétenduës objections que pour en dissimuler
» les solutions après que je les luy auray données, comme il a
» déja fait de celles qui étoient dans mes précédentes, &
» pour y chercher de nouveaux prétextes de cavillations.

Lettr. MS. à Clerselier du 6, Novembre 1649. à Stockholm.

(1) M. Béziat a indiqué cette lettre ainsi (BULLETTINO ‖ DI ‖ BIBLIOGRAFIA E DI STORIA ‖ DELLE ‖ SCIENZE MATEMATICHE E FISICHE‖etc. ‖ TOMO VIII ‖ etc., page 653, lig. longues 38. — LA VIE ET LES TRAVAUX ‖ DE JEAN HÉVELIUS ‖ PAR ‖ L. C. BÉZIAT ‖ etc., page 129, lig. longue 38):
« à CARCAVI (t. XIII, p. 215—220) ».

(2) LA VIE ‖ DÉ ‖ MONSIEUR ‖ DES CARTES ‖ *SECONDE PARTIE*, etc., page 377, lig. 7—10.

(3) OEUVRES ‖ DE DESCARTES, ‖ PUBLIÉES ‖ PAR VICTOR COUSIN. ‖ TOME DIXIÈME.‖ A PARIS,‖ CHEZ F. G. LEVRAULT, LIBRAIRE,‖RUE DES FOSSÉS-MONSIEUR-LE-PRINCE, N° 31. ‖ ET A STRASBOURG, RUE DES JUIFS, N° 33. ‖ M.DCCC.XXV, page 343, lig. 10—22. page 344, lig. 1—8.

(4) OEUVRES ‖ DE DESCARTES, ‖ PUBLIÉES ‖ PAR VICTOR COUSIN. ‖ TOME DIXIÈME.‖etc,, page 344, lig. 8—21.

(5) OEUVRES ‖ DE DESCARTES, ‖ PUBLIÉES ‖ PAR VICTOR COUSIN. ‖ TOME DIXIÈME ‖ etc., page 344, lig. 21—28, page 345, lig. 1—16.

(6) OEUVRES ‖ DE DESCARTES, ‖ PUBLIÉES ‖ PAR VICTOR COUSIN. ‖ TOME DIXIÈME,‖etc., page 346, lig. 12—14.

(7) OEUVRES ‖ DE DESCARTES, ‖ PUBLIÉES ‖ PAR VICTOR COUSIN. ‖ TOME DIXIÈME. ‖ etc., page 348, lig. 15—28, pag. 349, lig. 1—2.

(8) OEUVRES ‖ DE DESCARTES, ‖ PUBLIÉES ‖ PAR VICTOR COUSIN. ‖ TOME DIXIÈME.‖etc,, page 349, lig. 3—28, page 350, page 351, numerotée par erreur 551, lig. 1—3.

(9) OEUVRES ‖ DE DESCARTES, ‖ PUBLIÉES ‖ PAR VICTOR COUSIN, ‖ TOME DIXIÈME.‖etc., page 351, numerotée par erreur 551, pages 352—361.

(10) OEUVRES ‖ DE DESCARTES, ‖ PUBLIÉES ‖ PAR VICTOR COUSIN.‖TOME DIXIÈME.‖etc., pages 362—372, page 373, lig. 1—13.

(11) LA VIE ‖ DE ‖ MONSIEUR ‖ DES CARTES.‖*SECONDE PARTIE*.‖etc., page 383, lig. 2—21.

» Je ne veux point m'occuper à instruire une personne qui ne
» m'en sçauroit aucun gré, ny donner des armes à mes en-
» nemis. Mais vous m'obligerez d'assûrer M. Carcavi que je
» suis son trés-humble serviteur à luy en particulier, & que
» je ne manqueray pas de luy faire réponse lorsqu'il m'écri-
» ra ses propres pensées, ny de lui rendre service en tout ce
» qu'il luy plaira me commander. Mais que je ne puis croire
» que la lettre que j'ay reçûë sous son nom vienne de luy, par-
» ce qu'on y nomme démonstrations des cavillations de nulle
» importance, et qu'on refuse d'y appercevoir des véritez trés-
» manifestes. »

Carcavi fut plus heureux avec Huygens. Sa correspondance avec lui embrasse un espace de quatre années à partir du 20 Mai 1656. Fermat en est le principal objet. Ces lettres ont pour nous l'intérêt des lettres de Fermat et de Huygens qu'elles résument souvent et dont elles nous conservent parfois des fragments. Nous voyons par la seconde et la septième que Carcavi voulait publier les Oeuvres de Fermat: si les Elzévirs avaient consenti à gratifier l'auteur de quelques livres, la chose serait faite depuis longtemps. La troisième nous offre des renseignements précieux pour l'histoire du Calcul des Probabilités et sur les tra- vaux de Pascal. La huitième nous indique dans un ouvrier allemand un précurseur de Huygens pour l'application du pendule aux horloges: elle permet de dater de 1659 une importante lettre de Fermat sur la comparaison de la spirale avec la parabolique, et elle nous apprend que le théorème : « Il n'y a que 7 qui étant le double d'un carré moins 1 soit la racine d'un carré de même nature », publié pour la première fois en 1879 (1), dont se sont occupés le Père Pepin (2), M. Genocchi (3), et M. S. Realis (4), a été envoyé à Frenicle

(1) BULLETTINO ‖ DI ‖ BIBLIOGRAFIA E DI STORIA ‖ DELLE ‖ SCIENZE MATEMATICHE E FISICHE ‖ PUBBLICATO ‖ DA B. BONCOMPAGNI, ‖ etc. ‖ TOMO XII. ‖ ROMA ‖ TIPOGRAFIA DELLE SCIENZE MATEMATICHE E FISICHE ‖ Via Lata Num.° 3. ‖ 1879 ‖ page 700, lig. 31—35 OTTOBRE 1879. — RECHERCHES SUR LES MANUSCRITS ‖ DE ‖ PIERRE DE FERMAT, ‖ etc. ‖ PAR C. HENRY ‖ etc., page 170, lig. 31—35.

(2) « SUR UN THÉORÈME DE FERMAT ‖ PAR LE P. TH.LE PÉPIN, S. J. » (ATTI ‖ DELL'ACCADEMIA PONTIFICIA ‖ DE'NUOVI LINCEI ‖ PUBBLICATI ‖ CONFORME ALLA DECISIONE ACCADEMICA ‖ *del 22 dicembre* 1850 ‖ E COMPILATI DAL SEGRETARIO ‖ TOMO XXXVI — ANNO XXXVI ‖ (1882—1883). ‖ ROMA ‖ TIPOGRAFIA DELLE SCIENZE MATEMATICHE E FISICHE ‖ Via Lata N.° 3. ‖ 1883 ‖ pages 23—33. SESSIONE Iª DEL 31 DICEMBRE 1882. — SUR ‖ UN THÉORÈME DE FERMAT ‖ PAR LE P. TH.LE PÉPIN S. J. ‖ EXTRAIT DES *ATTI DELL'ACCADEMIA PONTIFICIA DE' NUOVI LINCEI.* ‖ TOMO XXXVI — ANNO XXXVI. SESSIONE IIª DEL 28 GENNAIO 1883. ROME ‖ IMPRIMERIE DES SCIENCES MATHÉMATIQUES ET PHYSIQUES. ‖ Via Lata, N. 3. ‖ 1883. In 4° de 14 pages).

(3) « BRANO DI LETTERA ‖ DEL SIG. PROF. ANGELO GENOCCHI ‖ DIRETTA A D. B. BONCOMPA-
» GNI, ‖ in data di « Torino, 14 Marzo 1883 » (BULLETTINO ‖ DI ‖ BIBLIOGRAFIA E DI STORIA ‖ DELLE ‖ SCIENZE MATEMATICHE E FISICHE ‖ PUBBLICATO ‖ DA B. BONCOMPAGNI ‖ etc. ‖ TOMO XVI. ‖ ROMA ‖ TIPOGRAFIA DELLE SCIENZE MATEMATICHE E FISICHE ‖ VIA LATA, N.° 3. ‖ 1883, pages 211—212, APRILE 1883. — BRANO DI LETTERA ‖ DEL SIG. PROF. ANGELO GENOCCHI ‖ DIRETTA A D. B. BONCOMPAGNI, ‖ in data di « Torino, 14 Marzo 1883. » ‖ (Estratto dal *Bullettino di bibliografia e di storia delle scienze matematiche e fisiche.* tomo XVI. 1883). (In 4°, de 4 pages, dans la seconde desquelles lig. 15—16 on lit: « ROMA ‖ TIPOGRAFIA DELLE SCIENZE MATEMATICHE E FISICHE ‖ Via
» Lata, n° 3. »). — Une démonstration complète de ce théorème a été donnée aussi par M. Genocchi (NOUVELLES ANNALES ‖ DE ‖ MATHÉMATIQUES, ‖ JOURNAL DES CANDIDATS ‖ AUX ÉCOLES POLYTECHNIQUE, ET NORMALE, ‖ REDIGÉ PAR MM. GERONO ET CH. BRISSE ‖ etc. TROISIÈME SÉRIE. ‖ *TOME DEUXIÈME.* ‖ PARIS ‖ etc. 1883, page 306, lig. 22—26, pages 307—309, page 310, lig. 1—8, JUILLET 1883. DÉMONSTRATION D'UN THÉORÈME DE FERMAT ; ‖ PAR M. GENOCCHI, ‖ Professeur à l'Université de Turin).

(4) « SOPRA UN'EQUAZIONE INDETERMINATA ‖ NOTA ‖ DELL'INGEGNERE S. REALIS » (BULLETTINO ‖ DI ‖ BIBLIOGRAFIA E DI STORIA ‖ DELLE ‖ SCIENZE MATEMATICHE E FISICHE, ‖ etc. TOMO XVI, ‖ etc. pages 213—214, APRILE 1883. — SOPRA ‖ UN'EQUAZIONE INDETERMINATA ‖ NOTA ‖ DELL'INGEGNERE S. REALIS ‖ ESTRATTO DAL *BULLETTINO DI BIBLIOGRAFIA E DI STORIA* ‖ *DELLE SCIENZE MATEMATICHE E FISICHE,* ‖ TOMO XVI. 1883, ‖ ROMA ‖ etc. ‖ 1883. In 4°, de 4 pages).

en 1658 (1). La onzième lettre donne (2) les chiffres produits par Fermat pour la
solution d'un problème de Frenicle envoyé à Wallis, publié pour la première
fois en 1879 (3) , et résolu par le Père Pépin (4). Avec la lettre du 25 juin
1660 s'arrête cette correspondance. Huygens vint à Paris ; il y reçut le 28
décembre une lettre de Fermat et une autre dans le commencement de l'année
1661 : elles sont publiées dans mes *Recherches sur les manuscrits de Fermat* (5). Carcavi lui même se mit à voyager: il visita Vincent Viviani à Florence le 10 février 1661 (6).

Les relations devaient devenir plus étroites ; comme Bibliothécaire de Colbert et Directeur de l'Académie des Sciences, Carcavi put continuer à Huygens ses bons offices: en 1679 il lui prêta huit manuscrits de Maurolycus (7),
et l'aimant qui lui servit à faire certaines expériences (8).

Voici les lettres de Carcavy à Huygens.

---

(1) Voyez plus loin, page 342, lig. 15—18.

(2) Voyez plus loin, page 351, lig. 19—37, page 352, lig. 1—14.

(3) BULLETTINO || DI || BIBLIOGRAFIA E DI STORIA || DELLE SCIENZE MATEMATICHE E FISICHE, ||etc.
TOMO XII.||etc., page 695. lig. 1—7. OTTOBRE 1879. — RECHERCHES SUR LES MANUSCRITS || DE ||
PIERRE DE FERMAT,||etc.|PAR C. HENRY,||etc. page 171, lig. 1—7.

(4) « SOLUTION D'UN PROBLÈME DE FRENICLE || SUR DEUX TRIANGLES RECTANGLES || PAR LE P.
» TH.^{LE} PEPIN S. J. » [ATTI||DELL'ACCADEMIA PONTIFICIA||DE'NUOVI LINCEI || PUBBLICATI||CONFORME
ALLA DECISIONE ACCADEMICA || *del 22 dicembre* 1850 || E COMPILATI DAL SEGRETARIO. || TOMO XXXIII.
— ANNO XXXIII. || (1879—1880.) || ROMA || TIPOGRAFIA DELLE SCIENZE MATEMATICHE E FISICHE, ||
Via Lata N.° 3. || 1880, pages 284—289) SESSIONE v^a DEL 18 APRILE 1880). — SOLUTION || D'UN PRO-
BLÈME DE FRENICLE || SUR DEUX TRIANGLES RECTANGLES || PAR LE P. TH.^{LE} PEPIN S. J. || EXTRAIT DES
ATTI DELL' ACCADEMIA PONTIFICIA DE'NUOVI LINCEI || TOMO XXXIII, ANNO XXXIII. SESSIO-
NE v^a DEL 18 APRILE 1880. || ROME || IMPRIMERIE DES SCIENCES MATHÉMATIQUES || Via Lata, N.°
3, || 1880. In 4°, de 8 pages.

(5) BULLETTINO || DI || BIBLIOGRAFIA E DI STORIA || DELLE || SCIENZE MATEMATICHE E FISICHE, ||
TOMO XII, etc., page 551—553, AGOSTO 1879. — RECHERCHES SUR LES MANUSCRITS || DE || PIERRE
DE FERMAT, etc. PAR C. HENRY, etc,, pages. 77—79.

(6) Dans le manuscrit de la Bibliothèque Marciana de Venise, coté « Classe XI, degli Italiani,
» N.° XXXVII » (feuillet numéroté 11, *recto*, lig. 9—11) on lit:

> » Monsieur Carcavj Conseiller du Roi
> » de ses Conseils et Garde du Cabinet
> » et bibliothèque (sic) de sa Majesté ».

Ce manuscrit composé de 110 feuillets de papier dont aucun n'est numéroté est relié en vieux par-
chemin. Sur son dos est écrit « Classe XI || Cod. XXXVII ». Une description de ce manuscrit a été
donnée par le savant abbé Jacopo Morelli :|I CODICI MANOSCRITTI||VOLGARI||DELLA LIBRERIA||NANIANA||
RIFERITI DA || *DON JACOPO MORELLI.* || S'AGGIUNGONO ALCUNE OPERETTE INEDITE||DA ESSI TRATTE.||
IN VENEZIA || NELLA STAMPERIA D' ANTONIO ZATTA.||MDCCLXXVI. || page 107, lig. 39—42, page 108,
lig. 1—5, Cod. CXXI).

Dans la Bibliothèque Marciana de Venise on trouve un catalogue manuscrit des manuscrits italiens de cette bibliothèque composé de neuf volumes cottés «K–S» dont le sixième cotté «P» est intitulé
sur le dos de sa reliure: « P. || APPENDICE || AL CATAL. DE' CODD. || ITALIANI || 6 || CLASSE || X—XI ».
Dans les lignes 8—12 de la page numérotée 25 de ce sixième volume on lit:

> « COD. XXXVII. Cart. in 16.° Sec. XVII. (N. N.° CXXI).
> » XCIX. 7. VINCENZO VIVIANI. Libretto per serbare memoria de'
> » grand'uomini forestieri, che a Firenze ebbe l'occasione di
> » conoscere e trattare. V'inserì egli qualche Annotazione di
> » cose a sè medesimo appartenenti. *Codice Autografo* ».

(7) Bibliothèque Nationale de Paris, Fonds latin, n° 9366.

(8) Jean-Baptiste Du Hamel mentionne ces expériences ainsi (REGIÆ || SCIENTIARUM ACADEMIÆ||
HISTORIA, || IN QUA PRÆTER IPSIUS ACADEMIÆ || originem & progressus, variasque dissertationes &
observa-||tiones per triginta quatuor annos factas, quàm plurima ex-||perimenta & inventa, cùm
Physica, tùm Mathematica || in certum ordinem digeruntur. || *SECUNDA EDITIO PRIORI LONGE AUC-
TIOR.* || *Autore* JOANNE-BAPTISTA DU HAMEL , *ejusdem* || *Academiæ Socio.* || PARISIIS , || Apud JOAN-
NEM-BAPTISTAM DELESPINE, viâ Jacobæâ||ad insigne divi Pauli. prope fontem S. Severini.||M.DCCI.||*CUM
PRIVILEGIO REGIS.*||page 184, lig. 19—22, *LIBER SECUNDUS* SECTIO SEPTIMA CAPUT PRIMUM §. XVI):

> « D. Hugens tractatum suum de magnete in variis congressibus legit. No-
> » vam hic theoriam complectitur, atque ejus lapidis proprietates multas ex-
> » plicat. Varia in eam rem experimenta exhibuit. Usus est magnete optimo
> » qui erat penes D. Carcavi »

LETTRES DE CARCAVI A HUYGENS

(Bibl. de Leyde, Fonds Huygens, N. 30).

1.

De Paris, ce 20° may 1656.

Monsieur,

N'ayant pas l'honneur d'estre connu de vous , vous trouverez peut-estre estrange la liberté que je prends de vous escrire, mais Mr Mylon m'ayant voulu procurer ce bien lorsque vous estiez en France et m'ayant témoigné que vous aviez pris la peyne de venir en cet hostel, j'ay cru, Monsieur, que je devois non—seulement vous en rendre touts les remerciements et toutes les reconnoissances que ie puis, mais encore mesnager cette occasion pour vous faire paroistre une partie de l'estime que je faits de vostre merite et la première connoissance m'en ayant esté donnée il y a longtems par le feu P. Mersenne, qui me fist voir quelques unes de vos belles spéculations, ie commencay dez lors à vous honnorer et à rendre les respects, qui sont deus à vostre vertu. Permettez—moy donc s'il vous plaist de vous en rendre des véritables tesmoignages et de vous offrir tout ce qui peut dependre de moy. Je ne scay pas beaucoup aux mathématiques, mais j'ay une grande passion pour cette science et comme vous y estes des plus advancez , je pourrois espérer de vous y procurer quelque satisfaction par l'entremise de Mr de Fermat, qui est mon ancien amy, ce grand Mr de Fermat, qui est certainement un des premiers hommes de l'Europe, et de vous faire voir des choses de luy qui mériteront votre approbation: ce me sera aussy un moyen de contenter l'inclination que j'ay pour un si grand homme en luy faisant voir en mesme tems ce que vous aurez la bonté de nous envoyer , et le public recevra un grand advantage de la communication de deux personnes si excellentes, qui feront voir à la postérité que notre siècle ne cède point a celuy des Apollonius, des Menelaus et des Archimèdes. Je luy ay envoyé par le dernier ordinaire ce que vous demandez touchant le parti des ieux, et ie donnai, il y a quelques iours à Mr. Mylon deux beaux problesmes sur les nombres (1) pour vous les faire voir, et j'en useray de mesme à l'advenir si vous l'agréez , vous suppliant très humblement me permettre en finissant cette lettre de vous coniurer à continuer vos belles méditations et augmenter

---

(1) Il s'agissait de trouver un cube qui , ajouté à la somme de ses parties aliquotes, fasse un carré, et un carré qui, ajouté à la somme de ses parties aliquotes fasse un cube. (COMMERCIUM ‖ EPISTOLICUM ‖ DE ‖ Quaestionibus quibusdam *Mathematicis* nuper habitum.‖ Inter Nobilissimos Viros ‖ D. *Guillelmum*, Vicecomitem *Brouncker*, etc. Aliisque‖Edidit‖JOHANNES WALLIS, etc. in Celeberrima *Oxoniensi* Academia Geometriae. ‖ Professor *Savilianus* ‖ OXONII, ‖ Excudebat *A. Lichfield*, Acad. Typograph. Impensis'‖Tho. Robinson, M.DC.LVII. page 137, lig. 32—42. — *Johannis Wallis*‖S. T. D.‖ Geometriæ Professoris *SAVILIANI*,‖in Celeberrima Academia OXONIENSI, ‖ DE ‖ ALGEBRA ‖ Tractatus; etc.‖*Operum Mathematicorum Volumen alterum.* ‖ OXONIÆ ‖ E THEATRO SHELDONIANO MDCXCIII pages 833—804 , page 841, lig. 1—23. — BULLETTINO ‖ DI ‖ BIBLIOGRAFIA E DI STORIA ‖ DELLE ‖ SCIENZE MATEMATICHE E FISICHE ‖ etc. ‖ TOMO XII.‖etc. , page 685, lig. 25—34, OTTOBRE 1879. — RECHERCHES SUR LES MANUSCRITS ‖ DE ‖ PIERRE DE FERMAT‖etc.‖PAR C. HENRY,‖etc., page 161. lig. 25—34).

une science qui a fait de si grands progrez en nos iours. Et ne vous semble-
t-il pas, Monsieur, que de mesme que Mess. Pascal et Desargues ont enchéry
sur la pensée d'Appollonius, ne se mettant pas en peyne de couper le cône
par l'axe, mais partout où on voudra, que l'on peut encherir sur la leur
et démonstrer une mesme propriété par une seule énonciation dans toutes
les sections de ce cône; pourquoy ne pourra-t-on pas trouver dans la parabole un point qui corresponde au centre des autres sections; le dernier de
ces deux grands hommes ne nous a-t-il pas fait voir que le foyer n'est qu'un
cas particulier d'une proposition plus géneralle, que le quarré se doit énoncer
sur le nombre du rectangle et plusieurs autres choses qui servent à ce dessein, Mr. Pascal ayant aussy donné les assimptotes de l'Elipse du cercle et
de la parabole. En verité, ie pense qu'il y auroit plus de satisfaction de voir
ces deux propositions suivantes énoncées et démontrées universellement dans
toutes les sections que non pas en quelques-unes et en des cas particuliers;

D'un point donné mener une perpendiculaire à la section aussy donnée.

Estant donnée dans un plan une section quelconque et un point hors de
ce plan, par lequel point passe une ligne, laquelle se mouvant sur la section
donnée fasse un certaine superficie, montrer que cette superficie est un cône
et trouver le plan qui fasse un cercle dans cette superficie.

C'est, Monsieur, ce que nous attendons de vous lorsque vous voudrez prendre la peyne de vous y occuper, et si vous le trouvez bon, nous en par-
lerons plus amplement un'autre fois, n'ayant fait la présente que pour vous
asseurer que je suis autant qu'homme du monde,

    Monsieur,

                Votre tres humble et obéissant serviteur
                    de Carcavy

    Monsieur
Monsieur Hugenius de Zulichem.

2.

                De Paris, ce 22 Juing 1656.

    Monsieur

J'ay receu la lettre que vous m'avez fait l'honneur de m'escrire, à laquelle
je n'ay pu répondre si tost que j'eusse désiré, tant à cause d'un petit voyage que j'ay fait dans l'une des terres de Mr. le Duc de Liencourt (1) que
pour la perte et l'affliction qui nous est survenue par la mort de M.ʳ le ma-
reschal de Schonberg (2). Je crois, Monsieur, que vous agréerez ces raisons de

---

(1) Voyez ci-dessus, page 3, lig. 16—24.
(2) Charles de Schomberg, duc d'Halluyn, pair et Maréchal de France, né le 16 fevrier 1601.

mon silence et que ie ne seray pas si malheureux que vous m'accusiez de négligence et d'avoir manqué à l'honneur et à la bienveillance que vous avez la bonté de me témoigner dans vostre lettre. M.ʳ de Fermat m'a envoyé, il y a desià quelques jours la solution de ce que vous aviez proposé touchant le parti des jeux, et vous verrez par l'extrait que ie vous faits de sa lettre qu'il a la démonstration générale de ces sortes de question (*sic*), et conclurez certainement avec nous, non seulement pour la résolution de ce problème, mais aussy pour quantité de plusieurs autres très belles spéculations que nous avons veu de luy, tant en ce qui concerne les nombres que pour la géométrie que c'est un des plus grands génies de nostre siècle. Je tasche, il y a desia longtems d'en tirer ce que ie puis pour le donner au public et j'en avois fait la proposition à M.ʳ de Schooten pour y employer les Elzevirs; mais les choses ne se trouverent pas disposées pour nous procurer cette satisfaction.

En ce qui concerne Messieurs Pascal et Desargues, ce sont aussy deux personnages merveilleux. Il est vray que le dernier a un style un peu différend de celuy des autres géomètres, mais comme il ne les a pas beaucoup leu, que les pensées sont à luy seul et qu'il conçoit les choses plus universellement qu'eux, il faut l'excuser et profiter de ce peu qu'il nous a donné, dont on tirerait beaucoup plus d'advantage s'il estoit rengé dans un autre ordre. Le premier avoit desia trouvé la solution de vostre proposition et me doit donner au premier iour celle de toutes les autres qui sont dans l'extrait de cette lettre de M.ʳ de Fermat; c'est aussy luy qui a remarqué les deux lignes qui ont les mesmes propriétés dans le cercle et dans l'Ellipse que les asymptotes dans l'hyperbole, dont la construction est toute semblable.

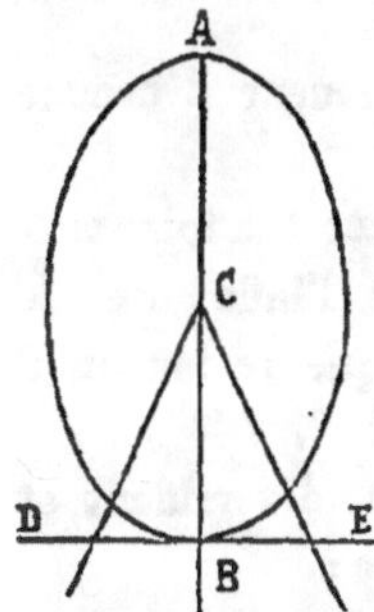

Car, soit l'Ellipse AEB, dont le diamètre soit ACB, et soit menée la touchante DBE coupée en D et en E, en sorte que le rectangle DBE soit esgal au quart de la figure; ayant mené les lignes CD, CE du centre C, elles auront les mesmes propriétés dans ces deux sections que les asymptotes dans l'hyperbole.

Mais c'est trop vous importuner. Agréez s'il vous plaist que je vous supplie très humblement en finissant cette lettre de me faire la grâce de faire tenir la lettre que j'escris à Mr. de Schooten sur le suiet d'un escrit de

à Nanteuil le Haudouin (BIOGRAPHIE ‖ UNIVERSELLE, ‖ ANCIENNE ET MODERNE, ‖ OU ‖ HISTOIRE, PAR ORDRE ALPHABÉTIQUE, DE LA VIE PUBLIQUE ET PRIVÉE DE ‖ TOUS LES HOMMES QUI SE SONT FAIT REMARQUER PAR LEURS ÉCRITS, ‖ LEURS ACTIONS, LEURS TALENTS, LEURS VERTUS ET LEURS CRIMES.‖ OUVRAGE ENTIÈREMENT NEUF, ‖ RÉDIGÉ PAR UNE SOCIÉTÉ DE GENS DE LETTRES ET DE SAVANTS ‖ TOME QUARANTE-UNIÈME. ‖ A PARIS, ‖ CHEZ L. G. MICHAUD, LIBRAIRE-ÉDITEUR, ‖ PLACE DES VICTOIRES, N.° 3. ‖ 1825.‖page 222. col. 1, lig. 25—27—BIOGRAPHIE ‖ UNIVERSELLE ‖ (MICHAUD) ‖ ANCIENNE ET MODERNE, ‖ etc. ‖ NOUVELLE ÉDITION, ‖ REVUE, CORRIGÉE ET CONSIDÉRABLEMENT AUGMENTÉE D'ARTICLES OMIS OU NOUVEAUX ‖ OUVRAGE RÉDIGÉ ‖ PAR UNE SOCIÉTÉ DE GENS DE LETTRES ET DE SAVANTS. ‖ TOME TRENTE-HUITIÈME. ‖ PARIS, CHEZ MADAME C. DESPLACES. ‖ ÉDITEUR-PROPRIÉTAIRE DE LA DEUXIÈME ÉDITION DE LA BIOGRAPHIE UNIVERSELLE‖RUE NEUVE-DES-MATHURINS, 38.‖ET‖LEIPZIG‖ LIBRAIRIE DE F.A. BROCKAHUS ‖ page 416, col. 1, lig. 56—57), mort le 6 juin 1656, à Paris (BIOGRAPHIE‖UNIVERSELLE.‖ANCIENNE ET MODERNE,‖etc. ‖ TOME QUARANTE-UNIÈME.‖etc., page 223, col. 1, lig. 4—5. — BIOGRAPHIE ‖ UNIVERSELLE ‖ (MICHAUD) ‖ ANCIENNE ET MODERNE, ‖ etc. ‖ NOUVELLE ÉDITION, ‖ etc. ‖ TOME TRENTE-HUITIÈME. ‖ etc., page 446, col. 2, lig. 48—49).

Mr. de Baulne, quil a témoigné à Mr. Mylon de souheter pour le ioindre à ce quil fait réimprimer de Mr. des Cartes ; est

Monsieur

Vostre très humble et obeissant serviteur
de Carcavy.

Je n'ay point receu vos livres.

A Monsieur,

Monsieur de Zulichen.

————

Extrait de la lettre de Mons.ʳ de Fermat à Mr. de Carcavi

————

Si A et B iouent avec deux dez, en sorte que si A ameine 6 points en ses deux dez avant que B en amène 7, le ioueur A gagne, et si B amène 7 avant que A ayt amené, le ioueur B aura gaigné et de plus le ioueur A a la primauté.

L'advantage de A à B est comme 30 à 31.

Si le ioueur A a la première fois la primauté et ensuitte le ioueur B ayt aussy la primauté la seconde fois et ainsi alternativement, auquel cas A poussera le dez la première fois et puis B deux fois de suitte, et puis A deux fois de suitte et ainsi iusques à la fin.

En cette espèce le parti du joueur A est à celuy du ioueur B comme 10355 à 12276.

Que si le ioueur A ioue premièrement deux fois et le ioueur B 3 fois, puis le ioueur A 2 fois et ensuitte le ioueur B 3 fois, et ainsy à l'infiny que le ioueur A qui commence ne ioue iamais que deux coups et que le ioueur B en ioue 3, supposant touiours que A cherche à ramener 6 et B, 7.

Le parti de A à B est comme 72360 à 87451. Les questions diversifient et la méthode change au ieu de cartes. Par exemple, ie propose :

Si trois ioueurs A, B, C parient avec 52 cartes, qui est le nombre d'un ieu complet, que celuy qui aura plustost un coeur gaignera, en supposant que A prend la 1ʳᵉ carte, B, la 2.ᵉ et C, la 3.ᵉ et que ce mesme ordre est touioursgardé iusques à ce que l'un ayt gaigné.

Si deux ioueurs iouent à prime avec 40 cartes, l'un entreprend de ramener prime dans les quatre premières cartes qui luy seront baillées et l'autre parie que le premier ne reussira pas, quel est leur parti ?

Toutes ces questions ont des méthodes et des reigles différentes; si on n'en peut venir à bout, ie vous les expliqueray toutes avec leurs démonstrations:

la plus subtile et la plus malaisée est celle du vray parti, de celuy qui tient le dé au ieu de la chance contre les autres.

Soit encore si vous voulez deux ioueurs qui iouent au piquet, le premier entreprend d'avoir 3 as en ses douze premières cartes ; quel est le parti de celuy–cy contre l'autre qui parie qu'il n'aura point les trois as ? (1)

3.

De Paris, ce 28 Sep.ᵉ 1656.

Monsieur,

Il y a desià longtems que j'ay fait voir à Mess.ʳˢ de Fermat et Pascal ce que vous aviez pris la peyne d'envoyer à M.ʳ Mylon et à moy, touchant les partis, mais ie n'ay pu me donner l'honneur de vous faire response, la chose n'ayant pas dépendu absolument de moy et la commodité de ces Messieurs ne s'estant pas touiours rencontrée avec le désir que j'avois de vous satisfaire.

M.ʳ Pascal se sert du mesme principe que vous et voicy comm' il l'énonce :

S'il y a tel nombre de hazards qu'on voudra, comme par exemple dix, qui donnent chacun trois pistolles et qu'il y en aye deux qui donnent chacun 4 pistoles, et qu'il en aye trois qui ostent chacun trois pistolles, il faut adiouster toutes les sommes ensemble et les hazards ensemble et diviser l'un par l'autre, le quotient est le requis, ce qui revient à une mesme énontiation que la vostre.

Mais il ne voit pas comme cette reigle peut s'appliquer à l'exemple suivant :

Si on ioue en six parties, par ex. du piquet, une certaine somme et qu'un des joueurs aye deux, trois ou quatre parties et que l'on veille (sic) quitter le jeu, quel parti il faut faire quand on a une partie à point, ou deux, ou trois, etc. à point, ou bien quand on a deux parties et l'autre une etc. Et le dit S.ʳ Pascal n'a trouvé la reigle que lorsqu'un des ioueurs a une partie à point, ou quand il en a deux à point (lorsque l'on joue en plusieurs parties) mais il n'a pas la reigle générale, voicy son énontiation :

Il appartient à celuy qui a la première partie de tant qu'on voudra, par ex. de six sur l'argent du perdant, le produit d'autant de premiers nombres pairs que l'on ioue de parties, excepté une, divisé par le produit d'autant de premiers nombres impairs ; le premier produit sera la part qui en appartient au gagnant. Par ex. si l'on ioue en 4 parties, prenez les trois premiers nombres pairs 2, 4, 6, multipliez l'un par l'autre, c'est 48 ; prenez les trois premiers impairs 1, 3, 5, le produit c'est 15, qui appartiendront au gaignant

---

(1) Les questions des quarrez en nombre que j'ay envoyé cy devant sont encore d'une invention et d'une démonstration assez difficile. (Note de la main de Mylon).

sur l'argent du perdant, si on a mis chacun 48 pistolles; cette reigle sert pour la première et la seconde partie, celuy qui en a deux ayant le double de celuy qui n'en a qu'une, il en a la démonstration, mais qu'il croit très difficile.

Voicy une autre proposition qu'il a fait à M. de Fermat, laquelle il juge sans comparaison plus difficile que toutes les autres.

Deux ioueurs iouent à cette condition que la chance du premier soit 11 et celle du second, 14; un troisième iette les trois dez pour eux deux, et quand il arrive 11, le premier marque un point, et quand il arrive 14, le second de son costé en marque un. Ils iouent en 12 points, mais à condition que si celuy qui jette le dé rameine 11, et qu'ainsi le premier marque un point s'il arrive que le dé fasse 14 le coup d'aprez, le second ne marque point, mais en oste un du premier, et ainsi réciproquement, en sorte que si le dé ameine six fois 11 et le premier aye marqué six points, si en aprez le dé ameine trois fois de suitte 14, le second ne marquera rien, mais ostera trois points du premier; s'il arrive aussy en aprez que le dé fasse six fois de suitte 14, il ne restera rien au premier et le second aura trois points, et s'il ameyne encore huit fois de suitte 14 sans amener 11, entre deux, le second aura 11 points et le premier rien, et s'il ameine quatre fois de suitte 11, le second n'aura que sept points et l'autre rien, et s'il ameine 3 fois de suitte 14, il aura gaigné.

La question parut si difficile à M.r de Pascal qu'il douta si M.r de Fermat en viendroit à bout; mais il m'envoya incontinant cette solution. Celuy qui a la chance de 11 contre celui qui a la chance 14 peut parier 1156 contre 1, mais non pas 1157 contre 1. Et qu'ainsi la véritable raison de ce parti estoit entre les deux, par où M.r Pascal ayant connu que M.r Fermat avoit fort bien résolu ce qui luy avoit esté proposé, il me donna les véritables nombres pour les luy envoyer et pour lui témoigner que de son costé il ne luy avoit pas proposé une chose n'eust résolue auparavant. Les voicy :

$$150\ 094\quad 635\quad 296\quad 299\quad 121$$
$$129\quad 746\quad 337\quad 890\quad 625.$$

Mais ce que vous trouverez de plus considérable est que le dit S.r de Fermat en a la démonstration, comm'aussy M.r Pascal de son costé, bien qu'il y ayt apparence qu'ils se soyent servi d'une différente méthode.

Je vous escris la présente avec M.r Mylon et nous recommandons tous deux à vos bonnes graces, vous suppliant de nous faire part de ce que vous aurez de nouveau, principallement de ce que vous nous avez fait espérer par vos dernieres et qui nous sera bien plus considérable puisque cela vient de vous. Nous n'avons point veu encore icy des livres de cet Anglois que vous nommez, ce me semble, Valisius. J'ay envoyé vostre livre à M.ʳ de Fermat, dont il vous rend très humbles grâces et vous remercie très humblement de celuy que vous avez eu la bonté de donner. Je suis,

Monsieur,

Vostre très humble et obéissant Serviteur
de Carcavy.

L'on a imprimé depuis peu à Boulongne les oeuvres de Galilei en 2 voll. in 4°, avec quelques additions : son système n'y est pas compris. Si nous osions nous vous supplierions très humblement de faire nos baisemains à M.ʳ de Schooten, de qui nous attendons ce qu'il aura augmenté dans la géométrie de M.ʳ des Cartes, avec ce que luy aura donné M.ʳ Bartolin.

A Monsieur
Monsieur Hugens de Zulychen
à la Haye.

4.

De Paris, ce 7.ᵉ feb.ᵉʳ 1659.

Monsieur,

Je receus seulement avant hyer la lettre que vous m'avez fait l'honneur de m'escrire du 16.ᵉ du moys passé, et suis extrémement marry de n'avoir point veu celles que vous avez cy devant adressé à Mr. Boulliaud: un voyage que j'ay fait en Anjou durant quelques moys avec Mr. le Duc de Liencourt, en sera peut estre la cause, de mesme que de n'avoir point receu le livre que vous avez eu la bonté de m'envoyer, que j'ay veu entre les mains de Mr. le Duc de Luynes, mais qui ne m'a point encore esté rendu, ce que ie crois que vous me permettrez de vous remarquer, non seulement à cause que vous me témoignez désirer de scavoir si ceux à qui vous l'aviez adressé se sont acquises de ce que vous leur aviez commis, mais aussy parce que j'estime infiniment tout ce qui vient de vostre part.

Aussi tost que vostre lettre m'a esté rendue, je l'ay fait voir à Mr. Pascal, et si sa santé luy eust donné un peu plus de commodité il y auroit luy mesme repondu plus amplement. Je ne luy ay point fait de réserve de l'esgalité de la ligne parabolique avec la droitte, suivant vos suppositions, parce que Mr. Auzoult nous avoit dit la mesme chose il y a plus d'un moys et il s'est rencontré tout justement dans la mesme voye que vous avez suivi; peut estre que Mr. Mylon vous en aura escrit par le dernier ordinaire; pour ce qui est de vos comparaisons des conoïdes et des sphéroïdes, je ne scaurois Monsieur, vous faire paroistre dans cette lettre l'estime qu'en fait Mr. Pascal, qui m'a prié de vous asseurer de son très humble service et du respect très particulier qu'il a pour tout ce qui vient de vous; ses principes l'ont conduit à trouver la mesure convexe du conoïde parabolique, ainsi que vous verrez par son esprit; mais il n'a pas encore celle du sphéroïde et ce que vous proposez de l'un et de l'autre est si beau et si élégant que ne pouvant pas le pouvoir mieux rencontrer il attend que vous nous ferez la grâce de nous l'envoyer. Je vous supplie aussy très humblement me mander par quelle voye plus prompte je pourray vous faire tenir les solutions de tout ce qui a esté proposé et promis par l'anonyme, qui est achevé d'imprimer, il y a desià quelque tems, mais que celuy dont il est parlé dans la suitte de l'histoire de la roullette et dont vous verrez encore quelque chose dans une nouvelle addition a empesché qu'on ne publiât si tost. Je ne l'aurois pas nommé parce que je l'avois promis; mais puis qu'il s'est fait connoistre luy mesme par un imprimé exprez de la cheute des graves, vous n'aurez qu'à prendre la peyne de le lire. Je ne scay s'il a du génie, mais il est si obscur et si embarassé qu'on a de la peyne à s'en desmetre et l'anonyme n'en dit pour tout rien davantage que ce que vous verrez dans cette petite addition.

Le traité qui contient la solution de nos problèmes est un peu gros, parce que j'ay prié Mr. Dettonville, qui est le nom que prend l'anonyme, d'y mettre ses méthodes un peu au long et de n'envier pas autres, comm'ont fait les anciens, de trouver plusieurs belles choses par les mesmes principes.

J'ay encore obtenu de luy d'y joindre quelques autres démonstrations, qui ne vous desplairont pas, et entre autres celle de l'esgalité de la ligne parabolique avec la Spirale *more veterum*, ce qu'il a fait, tant à cause de quelque contestation qui est arrivée à l'occasion de quelques uns qui la faisoyent esgale à une circonference de cercle que parce qu'on n'en a rien démonstré ny mesme énoncé que par les mouvements composez, qui ne sont pas si faciles pour quelques uns à estre réduits à cette manière des anciens que ce qui se traitte par les indivisibles.

Mr. Auzoult a aussy pensé aux questions de l'anonyme, en ce qui concerne la comparaison des surfaces et des lignes de la roullette et de ces portions seulement, car pour les centres des gravités des demi solides, la chose luy a paru trop difficile. Voicy son énoncé (posterieur toute fois à celuy de l'anonyme) des lignes cycloidales :

Linea cuiuscumque trochoidis est aequalis peripheriae ellipsis, cuius axis maior est ad minorem, et summa basis et peripheriae circuli genitoris ad earum differentiam. Et axis maior est aequalis summae diametrorum horum circulorum.

Cette énontiation comprend la roulette ordinaire, en supposant que le petit axe s'esvanouisse ou soit esgal à rien, car en ce cas le grand axe répété doit

passer pour le contour de l'ellipse et la ligne droitte, dans cette universa-
lité, est une des espèces de l'ellipse.

Je vous feray des excuses, Monsieur, d'une si longue lettre, mais c'est
pour obéir à une partie de ce que vous m'avez ordonné et ie seray ravi
qu'il vous plaise me faire naistre quelque autre occasion où ie puisse vous
tesmoigner mes respects et vous asseurer que ie seray toute ma vie

       Monsieur,

           Vostre très humble et très obeissant

              serviteur

                de Carcavy.

5.

Ce 7.e mars. 1659

Monsieur

Monsieur Bouillaud m'ayant fait espérer la commodité d'un marchand qui
arrivera bien tost en Hollande, je luy ay donné six exemplaires des Traittez
de Monsieur Dettonville, dont il y en a un pour vous, Monsieur, un pour
Monsieur de Schooten, et je prends la liberté de vous en adresser encore
quatre pour estre envoyez en Angleterre à Messieurs Wrem, Hobbs, Wallis et
Ward, parce que j'appréhende ne trouver pas si tost un'autre commodité et
que ceux qui ont l'honneur d'estre connus de vous m'ont asseuré de vostre
bonté et que ie pouvois sans rougir vous demander cette grâce, ce que ie
fais encore plus volentiers qu'il m'a semblé ne devoir pas différer davantage
la connoisance que Mr. Dettonville désire qu'ils ayent de l'estime très particulière qu'il fait de vostre mérite. Je n'escris pas à ces Messieurs, qui
m'ont fait l'honneur de m'escrire souvent pendant mon absence de cette ville,
parce que je ne faits que sortir d'une fièvre, avec une fluxion sur la poitrine,
qui m'a fort incommodé pendant douze iours. Permettez moy encore, Monsieur, d'implorer vostre entremise pour leur faire mes excuses, les assurer
de mon très humble service et les supplier de m'envoyer sincèrement le jugement qu'ils font de cet ouvrage, ce que vous agréerez s'il vous plaist que
je vous demande aussy très humblement. Nos Géomètres d'icy m'ont assuré
n'avoir rien veu de plus fort jusques à l'heure en ces matières et m'ont témoigné quelque obligation de l'avoir tiré des mains de l'autheur, pour le
donner au public, en quoy quelqu'autre qui eust été moins son amy ou qui
eust eu moins de liberté et moins de patience avec luy eust eu certainement plus de peyne. J'y ay fait ioindre quelques autres propositions parce
qu'elles m'ont semblé assez belles et particulièrement la démonstration, à la
manière des anciens de l'esgalité de la ligne parabolique avec la spirale, pour

faire voir à quelques uns qui ne sont pas encore accoustumés à la manière de démonstrer par les indivisibles qu'il n'y a rien de si aysé que de la réduire à celle des anciens. Je suis de tout mon cœur et avec toute sorte de respect,

Monsieur,

Votre très humble et très obéissant
serviteur
de Carcavy

Je n'ay point encore receu le traitté de vostre horloge
A Monsieur
Monsieur Huygens
de Zulychem
à la Haye.

6.

Ce 29ᵉ Apvril 1659.

Monsieur

Si j'avois esté en cette ville lorsque la dernière lettre que vous m'avez fait l'honneur de m'escrire y est arrivée, j'aurois bien des excuses à vous faire d'avoir demeuré si longtemps sans y respondre; mais ie ne suis de retour que depuis deux iours d'un voyage que ie ne croyois pas devoir estre si long, et aussi tost que i'ay veu vostre lettre j'ay mis ez mains de M.ʳ Mylon le livre que vous me demandez, ayant bien de regret que M.ʳ Boulliaud ne se soit acquitté de sa promesse avec la diligence qu'il m'avoit fait espérer. Je souheterois de tout mon coeur, Monsieur, que vous me fissiez la grâce de me commander quelque autre chose pour vostre service, n'y ayant personne au monde qui vous honnore davantage que moy,

Monsieur,

Vostre très humble et très
obéissant serviteur
de Carcavy

Je n'ay point encore receu le livre que vous m'aviez fait l'honneur de me promettre.
A Monsieur
Monsieur Hugens de
Zulijchen
A la Haye.

7.

De Paris, ce 14 aoust 1659.

Monsieur,

Quelque raison que ie puisse avoir dans mes excuses, tant à cause des affaires extraordinaires qui me sont survenues depuis quelque tems, que de mon absence de cette ville, j'advoue néansgmoins que j'ay tort d'avoir demeuré si longtems à vous le mander et à vous remercier, comme je faits très humblement de l'honneur que vous me faittes de vous souvenir de moy. Et certes, Monsieur, quelque occupation que ie pusse avoir, je n'eusse pas laissé passer tout ce tems si ie n'eusse espéré de jour à autre vous rendre conte de ce que vous désiriez scavoir de M.ʳ Pascal; mais sa maladie, qui consiste dans un' espèce d'anéantissement et d'abattement général de toutes les forces et qui luy continue depuis le tems que son livre a esté imprimé, ne m'a pas permis de vous donner cette satisfaction, car il ne scauroit s'appliquer à quoy que ce soit qui demande tant soit peu d'attention qu'il n'en sente un'incommodité considérable. Il se porte néansgmoins un peu mieux depuis quelques jours qu'il est allé prendre l'air de la campagne et nous espérons de le voir restabli dans sa première santé; mais il luy faut encore du tems. Je vous entretiens de tout ce destail parce que ie scay l'estime que vous faittes d'une personne si extraordinaire et l'affection particulière qu'il a pour tout ce qui vous concerne. J'attendois aussy, Monsieur, de respondre à ce que vous m'avez demandé pour M.ʳ de Wit, touchant ce qu'il désire de M.ʳ de Fermat, mais ie ne pouvois trouver mes papiers que i'avois presté à M.ʳ Bouilliaud, dont ie ne me souvenois plus et qu'il m'a rendu depuis. Je n'ay point veu le livre de M.ʳ Walis intitulé *Commercium Epistolicum*, mais il est vray que j'ay esté soigneux de ramasser avec soing tout ce que ce mien amy a envoyé icy, soit à moy, soit à d'autres particuliers. Je luy ay mesme fait voir ce ramas qu'il a corrigé de sa main, parce que je voulois le faire imprimer; mais i'en ay esté destourné par d'autres affaires. Je souheterois encore a l'heure faire la mesme chose si Mess. les Elzevirs vouloyent gratifier l'autheur de quelques livres. Ils avoyent autrefois voulu donner un Atlas de Blaeu, la chose n'est pas expirée depuis ce tems là, au contraire, elle paroistroit avec beaucoup plus d'advantage, tant pour eux que pour le public, à cause des autres traittés qu'il m'a promis de géométrie et de nombres, où il excede sans meutir autant les anciens que Diophante nous paroit audessus d'eux. Je vous envoye dans ce paquet un escrit qu'il m'a envoyé depuis peu sur le suiet des dits nombres (1), que vous m'obligerez de me renvoyer, avec aussy un mémoire que vous pourrez garder des choses que i'ay en ma possession et vous verrez, s'il vous plaist, si vostre amy y trouve ce qu'il y désire que je luy envoyeray quand il vous plaira dans l'assurance qu'il n'en mésusera point puis qu'il mérite l'honneur de vostre amitié.

Je n'ay point encore receu de nouvelles de ces Mess.ʳˢ d'Angleterre, je désirerois bien scavoir le jugement qu'ils font du livre de M.ʳ Dettonville, et il nous importe pour quelque chose encore de plus considérable que nous scachions et ayons le témoignage de ce qu'en pensent ceux qui auront pris la peyne de le lire. M.ʳ Schooten ne m'en a rien aussy mandé et nous n'avons point veu le dernier livre qu'il a fait imprimer, non plus que le traitté de M.ʳ Sluze. Peut estre que mon absence de cette ville m'aura privé de toutes ces belles choses pour les quelles j'ay une passion particulière, principalement pour celles qui · viennent de vous, ce qui me fait attendre avec impatience vostre système de Saturne.

Je ne scay si vous aurez esté satisfait sur la difficulté que vous preniez la peyne me mander avoir faitte à M.ʳ Destonville, touchant la proposition de la spiralle et de la parabole, mais peut estre que sa santé ne luy aura pas permis d'y respondre, s'il vous plaist m'en écrire, je vous manderay ce que j'en scay. Et ne seray pas si longtemps à vous asseurer de mes très humbles respects, que j'ay esté cette derniere fois, dont ie vous supplie derechef très humblement me vouloir excuser et de croire qu'il n'y a personne au monde qui vous honore davantage, ni qui soit plus que moy,

    Monsieur,

Vostre très humble et très
obéissant serviteur
de Carcavy

A Monsieur
Monsieur Hugens
Seig.ʳ de Zulychen.

8.

De Paris, ce 13ᵉ Septembre 1659 (2)

    Monsieur

J'ay bien des excuses à vous faire d'avoir demeuré si longtemps à me donner l'honneur de vous escrire, mais le séiour que j'ay esté obligé de faire presque

---

(1) Sans doute la fameuse Relation des nouvelles découvertes de la Science des nombres (BULLETTINO ‖ DI ‖ BIBLIOGRAFIA E DI STORIA ‖ DELLE ‖ SCIENZE MATEMATICHE E FISICHE ‖ etc. ‖ TOMO XII. ‖ etc., page 737, lig. 31—43, pages 738—740. — RECHERCHES SUR LES MANUSCRITS‖DE ‖ PIERRE DE FERMAT ‖ etc. ‖ PAR C. HENRY ‖ etc., page 213, lig. 31—43, pages 214—216.

(2) M. de Carcavi donne ses lettres le 21 Décembre et il les date du 13ᵉ Septembre. (Note du manuscrit).

continuellement depuis trois moys à la campagne ne m'a donné aucun loisir pour vous rendre ce devoir. Je n'ay pas toutefois négligé ce que vous m'avez ordonné et ayant eu occasion d'escrire à M.ᵣ de Fermat, je luy ay fait voir ce que vous me mandiez par vostre dernière, sur le suiet des nombres et sur la difficulté que vous et M.ᵣ Sluze n'aviez pu résoudre touchant la proposition de la parabole et de la spirale de M.ᵣ Destonville, ce que j'ay fait, Monsieur, d'autant plus volontiers que ie ne pouvois vous donner l'esclaircissement que vous désiriez, n'ayant ni le livre de M.ᵣ Destonville ni le loisir d'examiner derechef une chose qui m'avoit paru véritable et que je n'osois aussy escrire de cela au dit S.ᵣ Destonville qui n'est pas mesme encore à présent bien remis de son indisposition, et qui ne scauroit s'appliquer à la moindre chose qui demande quelque attention. Ce que m'en a escrit le dit S.ᵣ de Fermat et que ie vous envoye dans ce paquet m'a fait voir que j'avois peut estre conclu trop viste la certitude de la proposition dudit S.ᵣ Destonville et je ne croyois pas qu'il fallût tant de discours pour en faire voir l'evidence. Je joints à cela quelque autre chose qu'il m'a escrit que vous serez peut estre bien ayse de voir et j'auray touiours une satisfaction très particulière de vous témoigner par mes services et mon affection et l'estime que ie faits de vostre mérite.

Pour ce qui est des nombres il ne m'en a rien mandé de particulier, mais je luy ay envoyé tout ce que j'avois de luy pour l'obliger à le revoir et le donner au public avec plusieurs autres belles propositions qu'il a encore par devers luy, tant pour les nombres que pour les lignes droittes et courbes, ce que ie crois qu'il fera puisqu'il veut bien se donner la peyne de revoir ce qu'il en a desïa communiqué à ses amis.

Comme j'alois hyer faire faire un horloge de vostre invention, je trouvay un honest' homme d'Angoulesme nommé M.ᵣ de Boismorand qui m'asseura en avoir un chez luy, il y a très longtems à peu prez de la mesme façon, du moins avec un pendule qui fut fait environ l'année 1615 on 1616 par un Allemand pour feu la Reyne mère Marie de Médicis, qu'elle ne prist point à cause de son depart d'Angoulesme et l'ouvrier s'estant marié et décédé quelque tems aprez dans la mesme ville, le dit S.ᵣ de Boismorand l'a retiré de ses héritiers dont j'ay cru vous devoir donner advis.

Voicy l'extrait des lettres de M.ᵣ de Fermat (1):

Si la ligne spirale n'est pas esgale à la parabolique, elle sera ou plus grande ou plus petite, soit premièrement plus grande s'il est possible et

---

(1) BULLETTINO ‖ DI ‖ BIBLIOGRAFIA E DI STORIA ‖ DELLE ‖ SCIENZE MATEMATICHE E FISICHE‖ etc. ‖ TOMO XII. ‖ etc., page 698, lig. 42—48, page 699, page 700 , lig. 1—30. — RECHERCHES SUR LES MANUSCRITS ‖ DE ‖ PIERRE DE FERMAT ‖ etc. ‖ PAR C. HENRY ‖ etc., page 174, lin. 42—48, page 175, page 176, lig. 1—30.

que l'excez de la spirale sur la parabole soit esgal à X, dont la moitié soit Z, soyent inscrittes et circonscrittes à la parobole et à la spirale des figures comm'en la précédente, en sorte que la différence entre les inscrittes soit moindre que Z et que la différence entre les circonscrittes soit aussy moindre que Z. Nous aurons cinq quantitez qui vont touiours en augmentant, scavoir l'inscrite en la parabole, la parabole la circonscritte à la parabole, la spirale et la circonscritte à la spirale, car il appert que la seconde, qui est la parabole, surpasse son inscritte et que la circonscritte à la parabole surpasse la parabole. Or, il paroist qui est la quatriesme quantité, qui est la spirale, surpasse aussy la circonscritte à la parabole, car puisque l'inscritte en la parabole diffère de la circonscritte à la mesme parabole d'une ligne moindre que Z (ainsi que Mr Destonville a demonstré); a fortiori la parabole mesme diffère de la circonscritte de moins que Z; or, par la supposition la parabole est moindre que la spirale et la difference est 2Z. Donc, puisque la différence entre la parabole et la circonscritte est moindre que la différence entre la mesme parabole et la spirale, la circonscritte à la parabole sera moindre que la spirale, laquelle spirale estant aussy moindre que la circonscritte, il paroit que ces cinq quantitez, à commencer par l'inscritte en la parabole, vont touiours en augmentant. Mais puisque l'inscritte en la parabole diffère de la circonscritte d'une ligne moindre que Z et que par la construction la circonscritte susdite à la parabole diffère aussy de la circonscritte à la spirale d'une ligne moindre que Z, donc l'inscritte en la parabole diffère de la circonscrite à la spirale d'une ligne moindre que 2Z. Nous avons donc la première et la cinquiesme de ces cinq quantitez qui sont la plus petite et la plus grande, qui diffèrent entre elles de moins que 2Z. Donc, a fortiori, la seconde et la quatriesme, qui sont la parabole et la spirale, diffèrent d'une ligne moindre que 2Z et par conséquent moindre que X, ce qui est contre la supposition. Donc, la spirale n'est pas plus grande que la parabole.

Qu'elle soit, s'il est possible, moindre que la parabole, et que l'excez soit X ou 2Z, il faut faire les inscriptions et circonscriptions comm'en la précédente partie de la démonstration. Nous trouverons icy cinq quantitez qui vont toujours en diminuant, la circonscritte à la parabole, la parabole, l'inscritte en la parabole, la spirale et l'inscritte en la spirale; la première paroist évidemment plus grande que la seconde et la seconde que la troisième. Or, on voit aussy que la 3.e qui est l'inscritte en la parabole, surpasse la spirale. Car, puisque par la démonstration de Mr Destonville l'excez de la circonscritte à la parabole sur l'inscritte en la parabole est moindre que Z, a fortiori l'excez de la parabole sur son inscritte est moindre que Z. Or, la parabole estant plus grande que la spirale, son excez sur la dite spirale estant par la supposition 2Z, la parabole surpasse

4

la spirale d'une plus grande quantité que celle dont elle surpasse l'inscritte en la parabole. Et, partant l'inscritte en la parabole est plus grande que la spirale; nous avons donc cinq quantitez qui vont touiours en diminuant, scavoir la circonscritte à la parabole, la parabole, l'inscritte en la parabole, la spirale et l'inscritte en la spirale. Or, la circonscritte à la parabole diffère de son inscritte de moins que Z et l'inscritte en la dite parabole diffère aussy par la construction de l'inscritte en la spirale de moins que Z. Donc, la circonscritte à la parabole, qui est la première des cinq quantitez et la plus grande, diffère des dernières des dites quantitez, qui est la plus petite d'une ligne moindre que 2Z. Donc, a fortiori, la seconde quantité diffère de la quatriesme, c'est-à-dire la parabole de la spirale, de moins que de 2Z, c'est-à-dire de moins que de X, ce qui est contre la supposition, d'où il résulte que la spirale n'est pas plus petite que la parabole. Et partant, puis'qu'elle n'est ny plus petite ny plus grande, elle est esgale, ce qu'il etc.

2.ᵉ lettre. J'envoyay l'année passée à M.ʳ Frenicle la démonstration par laquelle ie prouvois qu'il n'y a aucun nombre que le seul 7, qui estant le double d'un quarré − 1 ayt la racine d'un quarré de la mesme nature, car 49 est le double d'un quarré 25−1.

(Je n'ay pas veu cette démonstration, je tascheray à la recouvrir pour vous l'envoyer).

Je veux mesme que M.ʳ de Zulichem voye que cette comparaison des lignes spirales et paraboliques se peut rendre plus générale et peut estre sera-t-il surpris de lire la proposition suivante, dont ie luy garentis la vérité.

En la figure 38 de M.ʳ Destonville, on peut considérer les spirales quarrées, cubiques, quarre quarrées, etc., tout de mesme que les paraboles cubiques, quarre quarrées, etc.

Si la spirale ordinaire, en laquelle comme toute la circonférence à la portion E 8 B, ainsi la droitte BA, à la droitte AC se compare avec la parabole ordinaire en laquelle, comme la droitte RA à la droitte CA, ainsi le quarré de la droitte RP est au quarré de la droitte SQ. Et le rapport est tel si AR est faitte esgale à ½ de la circonférence totale et l'appliquée RP, au rayon AB, la ligne parabolique P Q A sera esgale à la spirale BCDA, comme démonstre M.ʳ Destonville.

Mais en prenant la spirale quarrée qui est celle du second genre, en laquelle, comme toute la circonference est à la portion E 8 B, ainsi le quarré du rayon AB est au quarré du rayon AC on peut là comparer avec la parabole cubique, qui est la parabole du second genre; soit fait en la parabole cubique l'axe AR, esgal au ½ de la circonférence totale et l'appliquée RP aussy esgale du rayon AB, la parabolique AP, du seconde genre sera esgale à la spirale du second genre BCDA.

Si la spirale est cubique il la faudra composer avec la parabole quarré quarrée et faire les $\frac{3}{4}$ de la circonférence totale esgaux à l'axe AR de la parabole quarrequarrée, et l'appliquée RP, touiours esgale au rayon AB, la parabole quarrequarrée PQA du 3.ᵉ genre sera esgale à la spirale cubique du 3.ᵉ genre, en laquelle comme toute la circonférence à la portion E 8 B, ainsi le cube du rayon AB au cube de la droitte AC et à l'infini, en augmentant touiours chaque numérateur et dénominateur de la fraction, de l'unité

l'axe de la parabole ordinaire estant $\frac{1}{2}$ de la circonférence,

l'axe de la parabole cubique $\frac{2}{3}$ de la mesme circonférence,

l'axe de. la parabole quarré quarrée $\frac{3}{4}$,

l'axe. de la parabole cubique $\frac{4}{5}$ puis $\frac{5}{6}$, etc.

D'où il est aisé de conclure qu'il y a des spirales dans cette progression qui sont plus grandes que la circonférence du cercle qui les produit, mais qu'elles sont touiours moindres que la somme de ladite circonférence et du rayon. Voilà un paradoxe géométrique sur lequel peut-estre M.ʳ Destonville et M.ʳ de Zulychem n'ont pas encore resvé. En tout cas, ie les supplie de croire que ie ne l'ay point de personne et que ma méthode, dont vous avez le chiffre longtems avant que le livre de M.ʳ Destonville parût, est la source de beaucoup d'autres belles descouvertes sur le suiet des lignes courbes comparées ou avec des droittes, ou avec d'autres lignes courbes de diverse nature. Je vous en diray peut estre un iour qui vous surprendront.

M.ʳ de Zulychem désire encore scavoir si ma méthode s'estend a trouver la dimension des surfaces courbes des conoïdes et des sphéroïdes; vous pouvez l'asseurer que ouy, et qu'elle va encore bien plus loin. Il m'entendra assez lors que ie luy assureray; premièrement, que ie n'ay point veu aucune de ses propositions sur ce suiet; 2.° que la surface du conoïde parabolique autour de l'axe se trouve par la reigle et le compas et est un problème plan; que les surfaces des conoïdes hyperboliques et sphéroïdes supposent la quadrature de l'hyperbole et quelquefois de l'ellipse et qu'enfin le conoïde parabolique autour de l'appliquée fait une surface courbe qui suppose, pour estre exactement mesurée, la quadrature de l'hyperbole. Je puis mesme donner une ligne droitte esgale à toute portion de parabole donnée, en supposant la quadrature de l'hyperbole, c'est-à-dire de l'espace hyperbolique. J'aiousterais toutes les constructions de mes propositions; mais le loisir me manque.

Voylà, Monsieur, l'extrait de deux lettres que j'ay receu de M.ʳ de Fermat, que je suis ravi d'avoir peu vous envoyer, et comme j'achevois la présente j'ay receu de M.ʳ Bouilliaud vostre traitté du système de Saturne, dont je vous rends mes humbles grâces. Il m'en a aussy donné un pour M.ʳ Pascal qu'il aura dez aujourd'hui, mais ne scaurons nous jamais si ces Mess.ʳˢ les Anglois, j'entends M.ʳˢ Wrem, Walis et Ward, ont receu le livre de M.ʳ Destonville et le jugement qu'ils en font. Je vous serois aussy beaucoup obligé si ie pouvois avoir par vostre moyen le livre de M.ʳ Walis, dont vous m'avez parlé dans quelques-unes des vostres, qui a pour titre: *Commercium Episto-licum.* Nos libraires n'en ont point icy, non plus que le nouveau traitté de M.ʳ de Wigt et quelque chose que l'on nous a dit avoir esté imprimée par M.ʳ Wrem. Si vous faittes part à M.ʳ Sluze des lettres de M.ʳ de Fermat, permettez-moy de vous supplier très humblement de le saluer de ma part et de luy dire que j'ay veu son petit traitté pour la construction des pro-blèmes solides, qui est très élégant et qui m'a plu d'autant davantage que je m'estois autrefois appliqué aux mesmes constructions. Je suis de tout mon coeur

Monsieur,

Vostre très humble et très obéissant serviteur
de Carcavy.

9.

Ce 6ᵉ mars 1660.

Monsieur,

Ayant veu par le passé l'exactitude avec laquelle vous me faisiez l'honneur de respondre à mes lettres, j'appréhendois que vous fussiez indisposé. M.ʳ Boulliaud vous tesmoignera que je luy demande souvent des nouvelles de vostre santé et que j'en estois bien en peyne. Je vous rends mes humbles grâces, Monsieur, de la bonté que vous avez de vous souvenir de moy.

Si l'horloge de Mr. de Boismorand eust esté en cette ville, ie n'aurois pas manqué de vous en envoyer la description; mais il est à Angoulesme et ie ne sçay s'il pourra le faire venir icy. Je tascherai à l'y obliger, et ne vous en ay escrit que pour prévenir ce que quelqu'autre eust pu vous en mander.

Je ne vous envoyay l'escrit de M.ʳ de Fermat que pour iustifier la ve-rité de l'énoncé de Mr. Destonville, et parce que vous me mandez y avoir trouvé de la difficulté; pour ce qui est des autres lignes dont il par-loit dans le mesme escrit, cela n'est pas difficile pour vous, Monsieur, non plus que ce qu'il m'escrivoit des surfaces des conoïdes et des sphéroides, et ie ne voulus pas le retrancher, à cause qu'il desduit tout cela d'un mesme principe; mais ie puis vous asseurer qu'il ne s'attribuera rien à vostre pré-iudice, car, outre qu'il n'en a jamais usé de la sorte envers qui que ce soit, il a un'estime toute particulière pour ce qui vous regarde. Permettez-moy de vous dire qu'il se plaint un peu de Mr. Schooten, en ce qu'il n'en a pas usé de mesme dans la publication des lieux plans d'Apollonius (1). Ne doutez pas s'il vous plaist, que ce qu'il propose de la mesure de la surface du conoïde que fait la parabole autour de son appliquée ne soit véritable, et si la chose vous agrée ou que vous ne désiriez pas vous peyner à en chercher la démonstration, je la luy demanderay très volontiers.

Il me doit envoyer au premier jour touts ses écrits de Géométrie et des nombres que j'avois icy et dont je luy ay fait tenir une coppie, qu'il a voulu revoir, et encore un petit traitté par lequel il donne les lignes les plus simples qu'il le puisse, pour résoudre les problèmes de chaque degré. En quoy Mr. Descartes s'est mépris et Mr. Schooten ne s'en est aperceu. J'ay aussy receu dans la dernière lettre la proposition suivante :

On peut considérer les roullettes allongées ou racourcies d'une autre manière que n'a fait Mr. Dettonville. Supposez qu'en la roullette ordinaire les seules appliquées soyent allongées ou racourcies proportionnellement, c'est-à-dire que l'axe demeurât le mesme, chacune des appliquées est augmentée de la moitié ou bien racourcie de la moitié, au quel cas, il se produit des courbes nouvelles, celles des appliquées allongées sont au dehors de la roullette et celles des appliquées racourcies sont au dedans. Je dis que toutes les roullettes allongées en ce sens sont esgalles à la somme d'une ligne droitte et d'une circulaire et que toutes les roullettes acourcies (*sic*) au mesme sens sont esgalles à des courbes paraboliques. Par exemple, soit une roullette allongée dont les appliquées soyent aux appliquées de la roullette naturelle comme le diametre d'un quarre à son costé, je dis que cette roullette alongée, prise toute entière, c'est-à-dire des deux costez (et que par la construction vous voyez estre plus grande que la naturelle) est esgalle à la circonférence du cercle générateur de la roullette naturelle et au double de son diamètre. Je pourrois adiouster le théorème général pour touts ces cas, c'est-à-dire pour l'invention des paraboles esgalles aux roullettes accourcies (*sic*) et pour l'invention de l'agrégé des droittes et des circulaire esgalles aux allongées; mais ce sera pour un'autre fois. Ma méthode généralle ne dépend que du chiffre que ie vous envoyay l'année passée, avant que j'eusse veu le livre de Mr. Dettonville, etc.

---

(1) Ce travail de Schooten qui forme le troisième livre du recueil intitulé « FRANCISCI à SCHOOTEN|| » EXERCITATIONUM || MATHEMATICARUM || LIBRI QUINQUE || I. PROPOSITIONUM ARITHMETICARUM ET » GEOMETRICARUM CENTURIA. || II. CONSTRUCTIO PROBLEMATUM SIMPLICIUM GEOMETRICORUM.||III. » APOLLONII PERGÆI LOCA PLANA RESTITUTA. || IV. ORGANICA CONICARUM SECTIONUM IN PLANO|| » DESCRIPTIO. || V. SECTIONES MISCELLANEÆ TRIGINTA. || Quibus accedit CHRISTIANI HUGENII Trac- » tatus, || de Ratiociniis in Aleæ Ludo » (pages 191—292) a dans ce recueil (page 191, lig. 1—14) le titre suivant : « FRANCISCI à SCHOOTEN || LEYDENSIS || In Academia Lugduno Batava Matheseos » Professoris, || EXERCITATIONVM || MATHEMATICARVM || LIBER III. || *CONTINENS*||APOLLONII PER- » GÆI || LOCA PLANA || RESTITUTA. || LUGD. BATAV.||Ex Officina || JOHANNIS ELSEVIRII, || Academiæ Ty- » pographi CIƆ IƆC LVI ».

Voylà Monsieur, l'extrait de la lettre de M.ʳ de Fermat; vous m'obligerez beaucoup de me faire voir ce que vous avez adiousté à vostre horloge.

Je doute de la vérité du mouvement perpétuel et il me semble que M.ʳ Desargues m'a dit autrefois avoir une démonstration du contraire. Vous m'obligez beaucoup et je vous rends très humbles grâces des exemplaires qu'il vous plaist me promettre des livres de M.ʳ de Wit (1) et de M.ʳ Walis. Je ne scay pourquoy ce dernier ne nous dit mot du traitté de M.ʳ Dettonville; il mérite bien la peyne d'estre leu. Nous n'avons rien de nouveau qui vaille vous estre envoyé. J'aurois très grande joye de vous présenter quelque chose qui vous témoignât de plus en plus le désir que j'ay de me conserver la qualité

Monsieur, de

Votre très humble et très
obéissant serviteur
de Carcavy.

Monsieur
Monsieur Hugens Sg.ʳ de
Zulichen
à la Haye.

10.

De Paris, ce 25.ᵉ Juin 1660.

Monsieur.

A mon retour de la campagne, où j'ay esté obligé de demeurer environ trois moys, pour des affaires qui ne m'ont laissé aucun loisir de me donner l'honneur de vous escrire, j'ay trouvé un petit livre de M.ʳ Fermat, qu'il vous envoye. Il m'a aussy fait tenir pendant ce temps un autre petit traitté *de solutione problematum geometricorum per curvas simplicissimas et unicuique problematum generi proprie convenientes*, qus je vous feray copier

---

(1) Jeann de Witt, grand pensionnaire de Hollande, né le 25 Septembre 1625, à Dordrecht (NOUVELLE ‖ BIOGRAPHIE GÉNÉRALE ‖ etc. ‖ PUBLIÉE PAR ‖ MM. FIRMIN DIDOT FRÈRES, ‖ SOUS LA DIRECTION ‖ DE M. LE D. HOEFER ‖ Tome Quarante-Sixième ‖ PARIS, ‖FIRMIN DIDOT, FRÈRES FILS ET C.ᵐ ÉDITEURS. ‖ IMPRIMEURS-LIBRAIRES DE L'INSTITUT DE FRANCE, ‖ RUE JACOB, 56 ‖ MDCCCLXVI. ‖ etc., col. 787, lig. 4—5. — BIOGRAPHISCH-LITERARISCHES ‖ HANDWORTERBUCH ‖ ZUR GESCHICHTE ‖ DER EXACTEN WISSENSCHAFTEN, etc. ‖ GESAMMELT ‖ VON ‖ J. C. POGGENDORFF, etc. ‖ ZWEITER BAND. ‖ M-Z. ‖ LEIPZIG. 1863, col. 1344, lig. 25—29), assassiné à la Haye le 20 Août 1672 (NOUVELLE ‖ BIOGRAPHIE GÉNÉRALE ‖ etc. PUBLIÉE PAR ‖ MM. FIRMIN DIDOT FRÈRES, ‖ SOUS LA DIRECTION ‖ DE M. LE D. HOEFER ‖ Tome Quarante-Sixième ‖ etc., col. 787, lig. 4—6. — BIOGRAPHISCH-LITERARISCHES ‖ HANDWORTERBUCH ‖ ZUR GESCHICHTE ‖ DER EXACTEN WISSENSCHAFTEN, etc. ‖ GESAMMELT ‖ VON ‖ J. C. POGGENDORFF, etc. ‖ ZWEITER BAND. ‖ M-Z. ‖ etc., col. 1344, lig. 25—28), auteur de l'ouvrage intitulé: « JOHANNIS DE WITT ‖ ELEMENTA ‖ CURVARUM ‖ LINEARUM. ‖ Edita‖Operâ FRANCISCI à SCHOOTEN, ‖ in Academia Lugduno-Batava Matheseos ‖ Professoris. ‖ AMSTELAEDAMI, ‖ » Apud Ludovicum & Danielem Elzevirios, ‖ cIɔ cIɔ LIX. » (RENATI ‖ DES-CARTES ‖ GEOMETRIÆ‖PARS SECUNDA. ‖ *Cujus contenta sequens pagina exhibebit*, pages 153—340).

si vous le désirez. Il y fait voir plusieurs fautes de M.ᵣ Descartes dans sa géométrie, dont M.ᵣ Schooten n'a dit mot.

Voicy encore trois de ses propositions :

1. Data quadraturâ hyperboles, datur circulus aequalis superficiei curvae paraboles circa applicatam rotatae.

Sit data parabola AD, cuius axis AE, applicata seu semibasis DE, rectum latus ABC, quaeritur circulus aequalis superficiei curvae solidi quod ex rotatione figurae ADE, circa applicatam DE tanquam immobile circumductae conficitur.

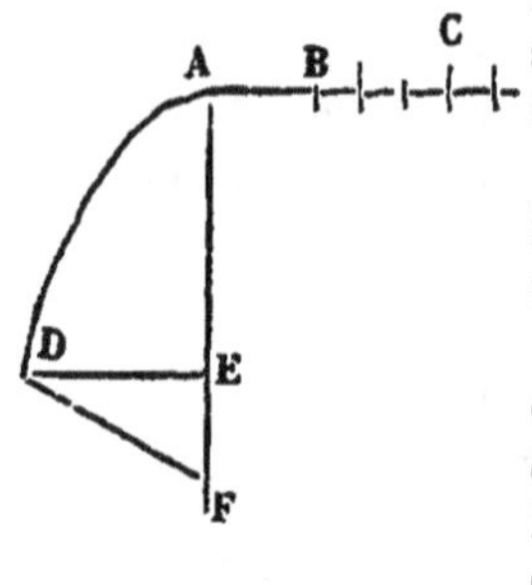

Bisecetur latus rectum AC, in B, et axi AE ponatur in directum recta EF aequalis rectae AB, seu dimidii recti lateris, et jungatur DF.

Exponatur separatim recta IQ aequalis axi AE, cuius dupla sit recta IR, fiat ut FE, siue AB, ad DF ita recta QI, ad rectam QH, et a puncto H, ducatur HG, perpendicularis ad HIR, et fiat HG, aequalis rectae DE, per punctum I, tanquam verticem describatur Hyperbole cuius transversum latus sit recta IR, centrum Q et transeat hyperbole per punctum G, et sit IG.

Describatur item alia hyperbole separatim cuius transversum latus MN, sit aequale quartae parti recti paraboles lateris, hoc est quartae parti rectae AC, centrum vero sit V, rectum latus OVP aequale transverso lateri, sit autem hyperbole ita descripta MK, cuius vertex M, axis ML, qui continuetur donec recta ML, sit aequalis axi paraboles AE, et ducatur perpendicularis seu applicata LK, a rectangulo sub QH, in HG, deducantur duo spatia hyperbolica IGH, MKL, quorum quadraturae supponuntur et quod supererit aequetur quadrato. Diagonia istius quadrati erit radius circuli superficiei curvae, cuius dimensionem quaerimus, aequalis.

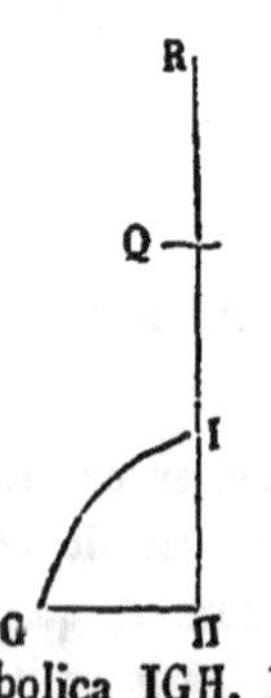

2. Esto cyclois primaria ANIF, cuius axis AD, semibasis DF, et ab eâ formentur aliae curvae vel extra ipsam vel intra quarum applicatae sint semper in eadem ratione data ad applicatas primariae cycloidis, exempli gratia in curva exteriori AMHG, ducantur applicatae GFD, HIC, MNB, ratio autem GD, ad DF, sit data et sit semper eadem quae HC, ad CI, et MB ad BN. In curvâ autem inferiori AROE, ratio FD, ad DE sit data, et sit semper eadem quae IG ad CO, et NB ad RB. Dico contingere ut curvae exteriores qualis est AMHG, sint semper aequales aggregato lineae circulari et lineae rectae. Curvae autem interiores qualis est AROE sint semper aequales parabolis primariis sive archimedeis.

Theorematis generalis enunciationem, quando volueris, exhibebo, immo et de monstrationem.

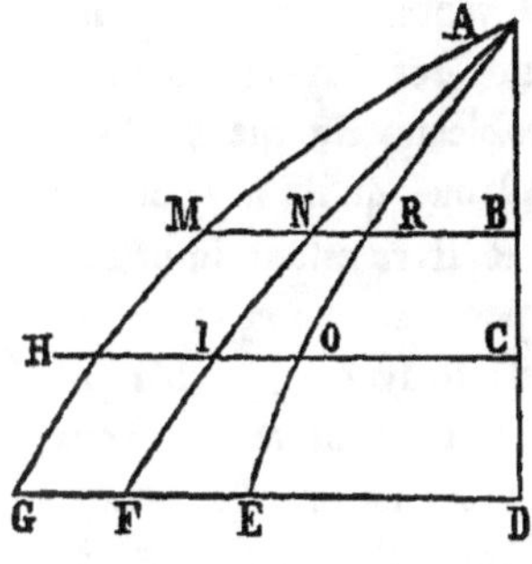

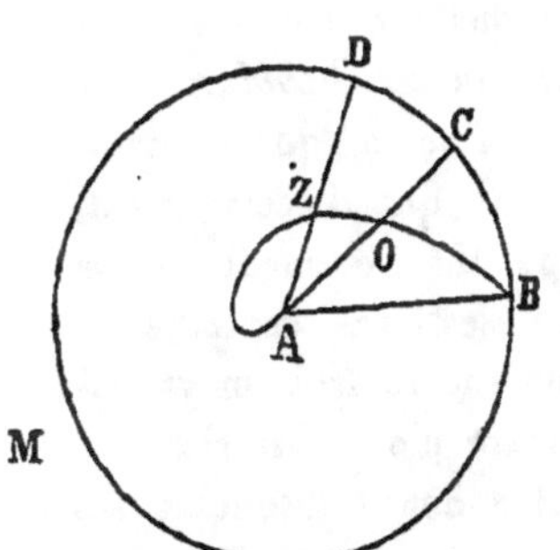

Voicy l'extrait d'une sienne lettre :

Pour me sauver un peu de l'accusation de M.ᵉ de Zulychem, qui dit que mes spirales n'ont pas des propriétez qui soyent autrement considérables, vous pourrez si vous voulez luy proposer celle qui suit :

Soit le cercle BCDM, duquel le centre A et le rayon AB, et soit la spirale BOZA de laquelle la propriété soit telle BA, est à AO comme le quarré de toute la circonférence BCDMB, au quarré de la portion de la mesme circonférence DMB, cette spirale, par mon théorème général, est esgale à une parabole en laquelle les cubes des appliquées sont en mesme raison que les quarrés des portions de l'axe, laquelle parabole est esgalle à une ligne droitte. J'espère que cette propriété suffira pour me réconcilier avec Monsieur de Zulychem. Et puisque ie lui cède tous mes droits sur les surfaces courbes des sphéroïdes et conoïdes je soubeterois qu'en revenche il m'indiquât s'il scait aucune surface courbe esgalle à un quarré par voye purement géométrique et pareille à celle dont ie me suis servi en donnant des droittes esgalles à des courbes.

Voilà, Monsieur, ce que jay receu de M.ᵉ de Fermat, depuis que je n'ay eu l'honneur de vous escrire. Aprez quoy ie vous supplie très humblement agréer que ie vous disc quelque chose de M.ᵉ Wallis et vous en userez avec lui de la sorte qu'il vous plaira, n'ayant pas cru que ie deusse respondre autre chose ny à son livre (1), ni à une lettre qu'il m'escrivit au mesme tems qu'il m'a esté rendu, qui fut le jour avant mon départ de cette ville, que ce qu'il vous plaira de voir par la lettre que ie luy escris. Il est vray que j'ay esté surpris de son procédé et que ie n'eusse pas attendu qu'il en dut user de la sorte envers Mr. Dettonville et par consequent en mon endroit, ne luy en ayant jamais donné aucun suiet ; que seroit-ce si nous avions fait imprimer non-seulement les lettres qu'il m'a escrit mais encore celles qui sont entre les mains de M.ᵉ de Roberval , qui justifient et

(1) Ce livre est l'ouvrage intitulé « *Johannis Wallisii* SS. Th. D. ‖ Geometriæ Professoris *Saviliani* Oxoniæ, ‖ Tʀᴀᴄᴛᴀᴛᴜs Dᴜo. ‖ Prior, ‖ ᴅᴇ ᴄʏᴄʟᴏɪᴅᴇ ‖ Et corporibus inde genitis. ‖ Posterior, ‖ ᴇᴘɪsᴛᴏʟᴀʀɪs; ‖ In qua agitur, ‖ ᴅᴇ ᴄɪssᴏɪᴅᴇ, ‖ Et Corporibus inde genitis: ‖ ᴇᴛ ‖ ᴅᴇ ᴄᴜʀᴠᴀʀᴠᴍ,‖Tum » Linearum Εὐθυνσει, tum Superficierum Πλατυσμῷ.‖Oxᴏɴɪᴀᴇ.‖Typis Academicis *Lichfieldianis*. Anno » Dom. ‖ cIɔ Iɔc Lɪx » (In 4°, de 142 pages dont les 1ᵉʳ—12ᵉᵐᵉ, 137ᵉᵐᵉ—142ᵉᵐᵉ, ne sont pas numerotées, et les 13ᵉᵐᵉ—136ᵉᵐᵉ sont numerotées 1—56, 65—80, 73—123. La Bibliothèque Nationale de Florence (Sezione Magliabechiana V. 5. 423) possède un exemplaire de cette édition. Cet ouvrage de Wallis fut reproduit dans le volume intitulé « *Johannis Wallis* s. t. d. ‖ Geometriæ Professoris » *Saviliani*, ‖ in Celeberrima Academia Oxᴏɴɪᴇɴsɪ; ‖ ᴏᴘᴇʀᴀ ᴍᴀᴛʜᴇᴍᴀᴛɪᴄᴀ. ‖ *Volumen Primum.* ‖ » Oxᴏɴɪᴀᴇ, ‖ E Tʜᴇᴀᴛʀᴏ Sʜᴇʟᴅᴏɴɪᴀɴᴏ MDCXCV. » (pages 489—569).

ses paralogismes et son aveuglement, pour ne pas dire davantage, à ne s'en point corriger. Il ne faudroit point d'autre responce à toutes ses impertinences et vous verriez, Monsieur, qu'en ce qui concerne les problèmes du dit S.ʳ Dettonville, il n'a pas seulement failly, mais encore a advoué qu'il ne pouvoit pas y donner davantage de satisfaction. Aprez cela, le livre estant imprimé, il veut qu'on croye qu'il ne luy a servi de rien pour se corriger et, ce qui est le plus ontrageux, qu'on a pris de luy ou d'autruy ce qu'il n'a jamais sceu, il faut avoir bien peu de sincérité pour faire paroistre aux yeux de tout le monde des bagattelles et des bassesses de cette nature. Pour-moy, je ne scaurois concevoir les raisons qui l'ont porté à cela. M.ʳ de Roberval m'a bien dit avoir escrit à un de ses amis quelque chose sur les fautes qui sont tant dans son livre intitulé: *Elenchus geomet. hobbian.*, que dans son *arithmétique des infinis*, mais il n'a rien dit, sinon qu'il y avoit telle et telle faute et il ne l'a point fait imprimer. Et quand cela seroit, qu'est-ce qu'il y auroit de commun avec le livre de M.ʳ Dettonville et la manière toute généreuse dont il en a usé? car il ne s'est pas contenté de donner seulement le temps porté dans son deffi, mais encore trois moys davantage, durant lesquels M.ʳ Wallis ny personne autre n'ont fait rien paroistre de ce qui avoit esté demandé, aprez quoy, il a donné jusques à ses principes et à ses méthodes. Et pour tout cela, ce brave professeur traicte en pédant des personnes de condition et cherche à leur dire des injures sur chaque mot qu'il tourne à la fantaisie.

Il impute en crime d'avoir proposé un prix *ad pompam facere visum est.*

Il chicane sur des clauses que nous avons mis, qui ne dépendent néanmoins que de nostre volonté, il veut que nous y ayons mis de l'équivoque « *affigat* (dit-il) *quam velit mentem verbis suis* »; qu'il nons connoit mal!

Pourquoy cette longue et inutile apologie de Toricelly répétée en tant d'endroits, que nous pouvons facilement convaincre de faux et de ridicule, par les lettres mesme originales de Toricelly, que nous avons entre les mains? Et pouvoit on dire ce qui s'est passé dans la recherche de la ligne dont il estoit question, qu'en rapportant fidellement ce qui est icy connu de tous les géomètres. M.ʳ Walis vouloit-il qu'on mentit comm'il a fait en tant d'endroits de son livre?

Quand il trouvera quelque chose, nous ne dirons pas qu'il ne l'a pas trouvé; mais quand nous en aurons veu les démonstrations données par un autre, nous dirons librement et en vérité qu'il n'en est pas l'inventeur.

Je vous serois trop importun si ie vous disois tout ce qui ne devroit point estre dans ce livre; je n'ay fait que le parcourir et ce que j'y trouve encore de plus beau en achevant de le lire, c'est qu'il veut que M.ʳ Dettonville ayt pris de luy ce qu'il a de meilleur. Avec quel front me peut-il dire cela, ayant en toutes ses démonstrations avant que d'avoir receu aucune nouvelle d'Angleterre?

En voyla assez, s'il vous plaist, et mesme trop, dont vous me permettrez de vous dire encore une fois que vous userez comm'il vous plaira, mais ie crois que la chose ne vaut la peyne d'en parler davantage: la vérité n'ayant point besoin d'autre deffense que d'elle mésme. Je suis de tout mon coeur,

Monsieur

Vostre très humble et très obéissant serviteur
de Carcavy

Mr Boulliaud, qui m'a promis de vous faire tenir cette lettre, me presse si fort que ie n'ay eu loisir de la relire.

Après avoir escrit cette lettre, j'ay trouvé un imprimé de l'année 1640, qui justifie que Mr de Roberval a pensé le premier à la cycloïde.

11.

Ce 1er Jan.^{er} 1662.

Monsieur,

Mon absence de Paris durant quatre à cinq moys m'ayant empesché de me donner l'honneur de vous escrire, agréez, s'il vous plaist que je vous rende allheure ce devoir et que je vous fasse part de quelques propositions que j'ay receues de Mr de Fermat. Je les mets dans ce paquet et ne doute point que vous n'en receviez beaucoup de satisfaction; il me demande de vos nouvelles et de ces belles spéculations que je luy avois fait espérer que vous donneriez bientost au public; mais comme nous avons esté longtems sans scavoir mesme le lieu où vous estiez, faittes moy, s'il vous plaist, la grâce, Monsieur, de me mander ce que ie luy en dois escrire et de croire que j'auray toute ma vie le respect que ie dois pour vostre mérite et pour vostre vertu, estant avec passion,

Monsieur,

Vostre très humble et obéissant
serviteur
de Carcavy

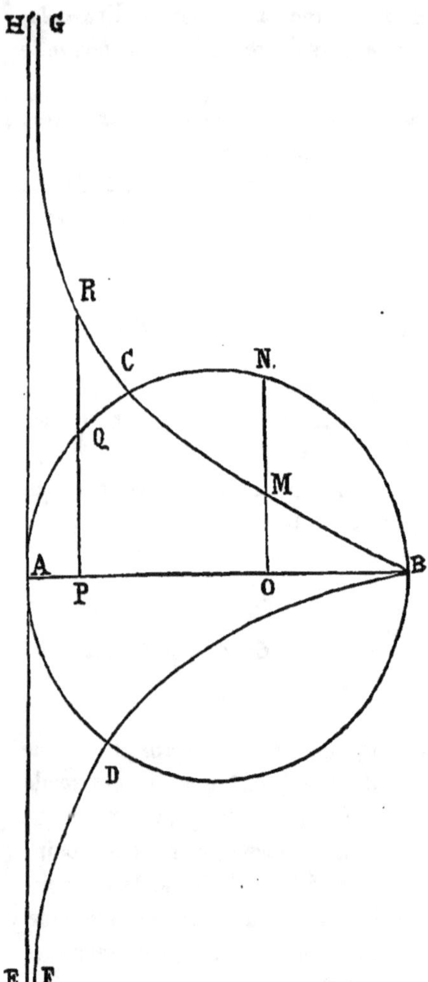

Soit la courbe de Diocle BCRG et BDF de l'autre costé du cercle, qui a cette propriété connue, qu'en prenant quelconque point au cercle comme N ou Q les quatres lignes AO, ON, OB, OM, sont continuellement proportionnelles, et de mesme les quatre lignes AP, PO, PB, PR. Or, cette courbe s'estend de deux costés à l'infini et la droitte HAE, qui touche le cercle en A, est son asymptote; la proposition est que tout l'éspace GRBDF, compris entre la courbe et l'asymptote estendue à l'infini est triple du cercle générateur ACBD. J'ay aussy la mesure des solides des centres de gravité des portions et de tout le reste.

M.ʳ Frenicle avait proposé à M.ʳ Wallis:

Invenire in numeris duo triangula rectangula ita constituta ut laterum circa angulum rectum differentia sit eadem, et quod in altero est maius duorum laterum circa rectum, sit in Reliquo hypothenusa (1).

M.ʳ Wallis respondit que la quesstion se réduisoit à trouver un certain triangle en nombre qu'il ne croyoit pas possible. M.ʳ Frenicle lui fist response que ce triangle estoit possible et le luy exhiba, mais que pour cela la question ne seroit pas résolue (2).

---

(1) Cet énoncé se trouve dans un manuscrit de la Bibliothèque de l'Université de Léyde cotté XVIII. Huygens nº 92 (autographe XXV Huygens, portefeuille 5) (BULLETTINO ‖ DI ‖ BIBLIOGRAFIA E DI STORIA ‖ DELLE ‖ SCIENZE MATEMATICHE E FISICHE ‖ etc. ‖ TOMO XII. ‖ etc., page 695, lig. 1—7. — RECHERCHES SUR LES MANUSCRITS ‖ DE ‖ PIERRE DE FERMAT ‖ etc. ‖ PAR C. HENRY ‖ etc. ‖ page 172, lig. 1—7).

(2) Ces réponses de Wallis et Frenicle se trouvent aussi dans le manuscrit de Léyde cité dans la note (1) de cette page (BULLETTINO ‖ DI ‖ BIBLIOGRAFIA E DI STORIA ‖ DELLE ‖ SCIENZE MATEMA-

Voicy la solution de Mr de Fermat:

premier triangle

$$
\begin{array}{r}
2150905 \\
2138136 \\
\hline
234023
\end{array}
$$

le second

$$
\begin{array}{r}
2165017 \\
2150905 \\
\hline
246792
\end{array}
$$

la méthode de luy en donne un'infinité d'autres.

Si l'on vouloit la mesme somme des costez au lieu de la différence, il y auroit aussy infinis triangles qui satisferoyent à la question; les plus simples sont les deux qui suivent :

$$
\begin{array}{ccc}
1517 & & 1523 \\
1508 & \text{et} & 1517 \\
165 & & 156.
\end{array}
$$

A Monsieur
Monsieur Hugens, seig.^{r} de
Zulychem

à la Haye en
Hollande

FRAGMENT

De M. de Carcavy, qui l'avoit de M. de Fermat (1).

Esto yssois EAPS in semicirculo LVABE, cujus centrum H, diameter LE, Perpendiculus ad diametrum radius HA. Asymptotos infinita yssoidis recta LR ad diametrum perpendicularis. Ajo spatium contentum sub EL, yssoide infinitâ EAPS, et asympto infinita LR, esse triplum semicirculi LAE, ideoque si alterâ semicirculi parte eadem fiat constructio ambo spatia culminantia in puncto E esse tripla totius circuli.

Demonstratio non est operosa, imo satis elegans. Sumantur duo puncta I

TICHE E FISICHE || etc. || TOMO XII. || etc. || page 695, lig. 8—20, page 696, lig. 1—8. — RECHERCHES SUR LES MANUSCRITS || DE || PIERRE DE FERMAT || etc. || PAR C. HENRY || etc. || page 171, lig. 8—20, page 172, lig. 1—8).

(1) J'ay démonstré cette Proposition 4 ans auparavant. (Note de Huygens).

et G in diametro utcumque aequaliter a centro distantia, ita ut rectae HI, HG sint aequales ideoque rectae LI, GE. A punctis I et G excitentur perpendiculares occurrentes yssoidi in punctis PY et circulo in punctis V et B. Jungantur radii HV, HB, et a punctis V et B ducantur tangentes VM, BD, occurrentes diametro in punctis M H D. Sumatur minima quaevis ultra punctum I, recta IK, et ultra punctum G, recta GF ipsi IK aequalis, et a punctis K et F excitentur perpendiculares ad diametrum rectae KN, FC occurrentes tangentibus in punctis N et C, a quibus demittantur perpendiculares NO, CQ in recta VI, BG. His ita constitutis patet spatium yssoidale aequari omnibus rectangulis sub PI, IK, et sub YG, GF, utcumque ubilibet sumptis, bases ipsis KL, GF aequales habentibus et altitudines angulis rectis ad yssoidem similiter applicatis. Est autem de natura yssoidis ut VI ad IE ita IE ad IP. Sed IE est aequalis rectis LH, et HE, sive HV. Ergo est ut IV ad summam rectarum HI, HV ita IE ad IP. Sed propter similitudinem triangulorum HVI, VMI, VNO, est ut IV, ad summam rectarum HI, HV, ita recta NO ad summam rectarum HI, HV, ita recta NO ad summam rectarum NV, NO. Ergo ut NO sive KI est ad NV plus NO, ita est recta IE ad rectam IP. rectangulum igitur sub IP, IK, aequatur rectangulo sub IE in NV plus rectangulo sub IE in NO. Ex aliâ autem parte est ex natura yssoidis, ut BG ad GE, ita GE ad GY. Sed GE est aequalis rectae HE, sive HB minus

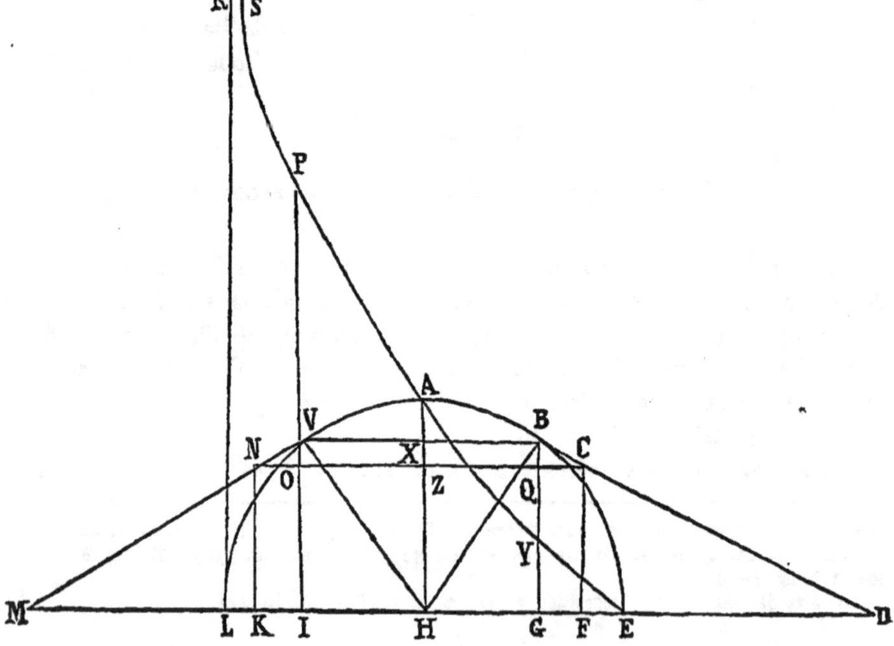

HG. Ergo est ut BG ad BH minus HG ita GE ad GY, ut autem BG ad BH minus HG ita propter similitudinem triangulorum ex iam demonstratis rectae QC, sive GF est ad BC minus BQ ideoque rectangulum sub YG in GF aequabitur rectangulo sub GE in BC, minus rectangulo sub GE in BQ. Ex constructione autem cùm rectae HI, HC sint aequales item rectae KI, GF, patet reliquas aequari, nempe VN, ipsi BC, NO, ipsi BQ. unde patet duo rectangula correlativa sub PI in IK, et sub YG in GF, sive in eandem IK aequalia esse rectangulis sub IE in NV plus GE in BC sive LI in NV plus IE in NO minus GE in BQ sive in NO. Rectangula autem duo sub IE in NV et sub LI in NV, aequantur unico rectangulo sub diametro LE in NV. Rectangulum vero IE in NO minus GE in NO aequatur rectangulo sub IG in NO sive rectangulo sub IH sive VX in NO bis. Ergo summa rectangulorum sub PI in IK et sub GY in eandem IK aequatur rectangulo sub diametro EL in VN. Et rectangulo sub VX in NO bis. Rectangula autem omia sub diametro et portionibus tangentium VN in quadrante circuli LVA ductarum repraesentant rectangulum sub diametro in quadrantem LVA. Hoc est duplum semicirculi LAE. Rectangula autem omnia sub VX in NO bis sive ductâ OZQ parallelâ diametro, rectangula omnia sub VX in XZ bis repraesentant totum semicirculum LAE. Ergo spatium yssoidale quod aequatur duobus illis rectangulorum seriebus, aequatur triplo semicirculi ut patet.

II.

Vers 1648, le père de Carcavi avait fait de mauvaises affaires : pour remplir ses engagements le fils dut vendre sa charge. C'est sans doute en 1648 qu'il s'en défit. Le Père Hilarion de la Coste dans sa Vie du Père Mersenne cite Carcavi ainsi (1).

« Mr de Carcaui Lyonnois.   » sa cour du Parlement de Tolose.
» cy-devant Conseiller du Roy en   » et au Grand Conseil. »

En 1649, il n'était donc déjà plus Conseiller : d'autre part la lettre de Mersenne publiée plus haut prouve qu'il l'était encore le 16 octobre 1647. Il s'était mis au service du Duc de Liancourt. Né en 1598, Roger du Plessis, duc de Liancourt, duc de la Roche-Guyon, pair de France, Chevalier des ordres du roi, s'était marié à vingt-deux ans avec Jeanne de Schomberg alors agée de 20 ans, fille et soeur, des deux Maréchaux de Schomberg, remarquable par le coeur et l'intelligence (2). Il avait mené jusqu'à quarante ans une vie de dissipation et de galanterie (3). Une maladie terrible dont il pensa mourir, les exemples salutaires et une maladie grave de la duchesse sa femme lui inspirèrent le gout des saintes lectures,

(1) LA VIE ‖ DV R. P. ‖ MARIN MERSENNE ‖ etc. ‖ *Par F. H. D. C.*, page 76, lig. 8—11.

(2) LE GRAND ‖ DICTIONNAIRE ‖ HISTORIQUE, ‖ OU ‖ *LE MÉLANGE CURIEUX* ‖ DE L'HISTOIRE ‖ SACRÉE ET PROFANE. ‖ ecc. ‖ Par Mre LOUIS MORERI, ‖ Prêtre, Docteur en Théologie. ‖ *NOUVELLE ÉDITION, dans laquelle on a refondù les Supplemens de M. l'Abbé GOUJET.* ‖ Le tout revu, corrigé & augmenté par M. DROUET. ‖ *TOME SIXIÈME.*‖A PARIS,‖CHEZ LES LIBRAIRES ASSOCIÉS.‖M.D.CCLIX.‖ *AVEC APPROBATION ET PRIVILEGE DU ROI* ‖ *Partie II*, page 290, col. 1, lig. 47—50, 60—62.

(3) LE GRAND ‖ DICTIONNAIRE ‖ HISTORIQUE, ‖ etc. ‖ Par Mre LOUIS MORÉRI, Prêtre, Docteur en Théologie. ‖ *NOUVELLE ÉDITION*, ‖ etc. ‖ *TOME SIXIÈME*‖etc.‖*Partie II*, page 290, col. 1, lig. 56—59.

des gens savants et vertueux et des séjours à la Campagne (1). Carcavi deviut un des familiers de la maison.

Mais marié avec une femme « non ineleganti » dit Sorbiere, et sans dot, Carcavi avait beaucoup d'enfants (2). S'il en faut croire Boivin, il fit un peu

---

(1) LE GRAND || DICTIONNAIRE || HISTORIQUE,||etc.||Par Mre LOUIS MORÉRI, || etc.||*NOUVELLE ÉDITION*,||etc.||*TOME SIXIÈME*.||etc.||*Partie II*, page 290, col. 1, lig. 60—70.

(2) « Permultas an-||nos privatus ea sorte usus est opti-||mus Carcavius, ex libris, & uxore||non » ineleganti, quam caelebs sine || dote duxit, solatium quaerens » (SORBERIANA || *SIVE* || EXCERPTA || EX ORE || SAMUELIS SORBIERE || etc., page 86, lig. 19—23). — Un seul de ses enfants s'est fait connaitre: Charles-Alexandre Carcavi , né vers 1665, mort le 25 février 1723 , (HISTOIRE || DU THÉATRE FRANÇOIS || DEPUIS SON ORIGINE || jusqu'à present. || AVEC LA VIE DES PLUS CÉLÉBRES|| Poëtes Dramatiques, un Catalogue exact || de leurs Pièces , & des Notes historiques || & Critiques. || TOME QUINZIÈME ||À PARIS,||Chez || P. G. LE MERCIER, Imprimeur-Libraire. || rue Saint Jacques, au Livre d'or. || ET || SAILLANT, Libraire, rue Saint Jean de||Beauvais, vis-à-vis le Collège.||M.D.CC.XLIX.|| AVEC APPROBATION ET PRIVILEGE DU ROY.||page 376, lig. 26—28, page 484, lig. 8—10. — *TABLETTES*|| DRAMATIQUES, ||*CONTENANT* || L'Abrégé de l'Histoire du Théâtre François. || *L'ETABLISSEMENT* || Des Théâtres à Paris, || *UN DICTIONNAIRE* || Des Pièces, || *ET L'ABRÉGÉ DE L'HISTOIRE* || Des Auteurs & des Acteurs,||DÉDIÉES || *A. S. A. S. M. LE Duc d'ORLEANS*,||Par M. le Chevalier DE MOUHY.|| *Le prix six livres broché.* || A PARIS, || Chez SEBASTIEN JORRY, Quai des Augustins, || près le Pont S. Michel, aux Cigognes, || M.DCC.LII || *Avec Approbation &* *Privilege du Roy.*||page 3053, numérotée 37, lig. 17—23. — Fortseßung und Ergänzungen||zu||Christian Gottlieb Jöchers||allgemeinen ||Gelehrten Lexico, || worin || die Schriftsteller aller Stände nach ihren vornehmsten Lebensumständen || und Schriften beschrieben werden: || von||Johann Christoph Adelung. || Zweyter Band. || C. bis J. || Leipzig, || in Johann Friedrich Gleditschens Handlung. ||1787.||col. 106, lig. 1—6). Élevé auprès du duc d'Orléans, depuis régent (HISTOIRE || DU || THÉATRE FRANÇOIS,||etc.||TOME QUINZIÈME || etc. || page 376, lig. 11— 18. — *TABLETTES*||DRAMATIQUES || etc. || Par M. le Chevalier DE MOUHY || etc. || page 3053, numérotée 37, lig. 17—19. — BIOGRAPHIE || UNIVERSELLE,||ANCIENNE ET MODERNE,||etc.||TOME SEPTIÈME,|| A PARIS, || CHEZ MICHAUD FRÈRES, LIBRAIRES, || RUE DES BONS-ENFANTS, N.° 34. || DE L'IMPRIMERIE DE L. C. MICHAUD. || 1813. page 120, col. 1, lig. 43—46. — BIOGRAPHIE || UNIVERSELLE || ANCIENNE ET MODERNE.||etc.||NOUVELLE ÉDITION,||Publiée sous la direction de M. Michaud; || REVUE||etc.|| TOME SIXIÈME.||PARIS,||A. THOISNIER DESPLACES, ÉDITEUR,||RUE DE L'ABBAYE, 14||MICHAUD, RUE DU HASARD, 13.||1843.||page 659,col.2,lig.48—51),il se consacra au théâtre,et composa 1.° la *Comtesse de Follenville*, comédie en un acte, et en prose, jouée avec peu de succès sur le Théâtre français le 11 octobre 1720, et non imprimée (*TABLETTES*||DRAMATIQUES||*CONTENANT* || L'Abrégé de l'Histoire du Théâtre François || etc. || Par M. le Chevalier DE MOUHY || etc. || page 127ème, numérotée 103, lig. 34—37. — BIOGRAPHIE || UNIVERSELLE, ANCIENNE ET MODERNE , etc. TOME SEPTIÈME , etc., page 120, col. 2, lig. 4—8. — BIOGRAPHIE || UNIVERSELLE || ANCIENNE ET MODERNE, etc. NOUVELLE ÉDITION , etc. TOME SIXIÈME, etc., page 659 , col. 2, lig. 51—50. — NOUVELLE || BIOGRAPHIE GÉNÉRALE, etc. || PUBLIÉE PAR || MM. FIRMIN DIDOT FRÈRES , || SOUS LA DIRECTION || DE M. LE Dr HOEFER || Tome Huitième. etc. , col. 685, lig. 10—12); 2.° le *Parnasse bouffon*, comédie en un acte, et en prose, présentée au mois de mai 1722 (HISTOIRE || DU THÉATRE FRANÇOIS, || etc. || TOME QUINZIÈME || etc. || page 376, lig. 23—25) mais non representée (*TABLETTES*||DRAMATIQUES||etc.||Par M. le Chevalier DE MOUHY||etc. || page 127ème, numérotée 103, lig. 35—38. — BIOGRAPHIE || UNIVERSELLE, || ANCIENNE ET MODERNE, etc. TOME SEPTIÈME , etc., page 120 , col. 2, lig. 1—4. — BIOGRAPHIE || UNIVERSELLE || ANCIENNE ET MODERNE, etc. NOUVELLE ÉDITION, etc. TOME SIXIÈME, etc., page 659, col. 2, lig. 51—53. — NOUVELLE || BIOGRAPHIE GÉNÉRALE || etc. || PUBLIÉE PAR || MM. FIRMIN DIDOT FRÈRES, || SOUS LA DIRECTION || DE M. LE Dr HOEFER || Tome Huitième. || PARIS || FIRMIN DIDOT, FRÈRES, || ÉDITEURS, || IMPRIMEURS-LIBRAIRE DE L'INSTITUT DE FRANCE, || RUE JACOB, 56. || M.DCCC.LIV, col.685,lig.6—10). — Dans sa jeunesse Charles Carcavi ayant embrassé l'état ecclésiastique, un de ses parens lui resigna le Prieuré de Vandoeuvre au diocèse de Langres (HISTOIRE || DU || THÉATRE FRANÇOIS || etc. || TOME QUINZIÈME || etc., page 376, lig. 1—6). N'ayant aucun goût pour la carrière ecclésiastique l'abbé Carcavi abandonna ce Prieuré , et se reserva une pension viagère de 300 livres (HISTOIRE || DU || THÉATRE FRANÇOIS || etc. || TOME QUINZIÈME || etc., page 376, lig. 6—11). François Parfaict, né à Paris le 10 mai 1698 (NOUVELLE || BIOGRAPHIE GÉNÉRALE || etc. || Tome Trente-Neuvième. || PARIS, || FIRMIN DIDOT FRÈRES, FILS ET C., EDITEURS || IMPRIMEURS-LIBRAIRES DE L'INSTITUT DE FRANCE,|| RUE JACOB, 56. || M DCCC LXII, || col. 202, lig. 10—11), mort le 25 octobre 1753 (NOUVELLE || BIOGRAPHIE GÉNÉRALE, etc. || Tome Trente-Neuvième || etc., col. 202, lig. 11—12) dit de lui (HISTOIRE || DU || THÉATRE FRANÇOIS || etc. || TOME QUINZIÈME || etc., page 376, lig. 11—18):

« Né avec un carac-
» tère éloigné de toute contrainte, M.
» l'Abbé Carcavi ne sçût ni conserver le
» bien ue son père ni avoit laissé,

» profiter des bontés de feu S. A. R. Mon-
» seigneur le Duc d'Orléans, Régent, &
» de l'avantage qu'il avoit d'avoir reçû
» l'éducation auprès de ce Princ ».

pendant quelque temps le commerce des livres : « le plus habile homme en fait de librairie depuis la mort de Raphael Trichet, sieur du Fresne était sans contestation le S.ᵣ de Carcavy qui ayant été conseiller au Grand Conseil et s'étant deffait de sa charge s'était jetté entièrement dans la recherche des livres rares qu'il revendait aux Curieux lorsqu'il y trouvait son compte. » (1)

Apparemment, ceci ne suffit pas : il dut songer à d'autres moyens de vivre. Un instant, au dire de Sorbière (2), il pensa à Fouquet. Hereusement parmi les protégés du duc de Liancourt il y avait l'abbé Aimable de Bourzeis, né à Riom en Auvergne en 1606, membre de l'Académie française, que Colbert consultait et écoutait volontiers. L'abbé présenta Carcavi au Ministre. Colbert se l'attacha en 1663 et le commit en même temps à la garde de la Bibliothèque du Roi. Dès lors commence la période la plus active de la vie de Carcavi.

Pour Colbert il fit des travaux considérables. Il commença par classer les papiers du Cardinal et fit exécuter un nombre considérable de copies à la grande satisfaction du Ministre. Il acheta les collections de M. de Sainte Croys, les papiers de Mathieu Molé, la Bibliothèque de Milord Hapton, les manuscrits de Saint Martial de Limoges. On peut lire dans le beau livre de M. Léopold Delisle : *le Cabinet des Manuscrits* (3) les détails de ces acquisitions. Les manuscrits latins 9363 (4) 9364 (5) 9366 (6), le n.º 296 des 500 Colbert (7) renferment un grand nombre de ses mémoires, états de depense, catalogues de livres, etc. Le plus important est l'autographe conservé MS. latin 9364, f.º 129—133 sur les papiers du Cardinal Mazarin et qui va être imprimé ici pour la première fois.

---

(1) Ms. fr. de la Bibl. Nat. Nouv. Acq. N.º 1327, f. 218.

(2) « Ve-‖rum susceptâ sensim numerosa fami-‖liâ prospiciendum illi fuit, & qui ‖ Fucqueto cœ- » perat admoveri tardius-‖culé, Colberti animum per Bour-‖zeium statim invasit » (SORBERIANA ‖ SIVE ‖ EXCERPTA ‖ EX ORE ‖ SAMUELIS SORBIERE ‖ etc., page 86, lig. 24—26, page 87, lig. 1—2).

(3) HISTOIRE GÉNÉRALE DE PARIS ‖ LE CABINET ‖ DES ‖ MANUSCRITS ‖ DE LA BIBLIOTHÈQUE IMPÉRIALE ‖ ÉTUDE SUR LA FORMATION DE CE DÉPÔT ‖ COMPRENANT LES ÉLÉMENTS D'UNE HISTOIRE DE LA CALLIGRAPHIE ‖ DE LA MINIATURE, DE LA RELIURE, ET DU COMMERCE DES LIVRES À PARIS ‖ AVANT L'INVENTION DE L'IMPRIMERIE ‖ PAR ‖ LÉOPOLD DELISLE ‖ MEMBRE DE L'INSTITUT ‖ BIBLIOTHÉCAIRE AU DÉPARTEMENT DES MANUSCRITS DE LA BIBLIOTHÈQUE IMPÉRIALE. ‖ TOME I. ‖ PARIS ‖ IMPRIMERIE IMPÉRIALE ‖ M DCCC LX VIII, pages 439—444, page 445, lig. 1—13.

(4) f.º 80, 49, 30, 20, 9, 1. Au f.º 58 titres des volumes de la correspondance Mazarin pour la reliure.

(5) f.º 129—131; f.º 138. Catalogue de M. Molé.

(6) Titres pour la reliure f.º 68, 77, 95.

(7) f.º 65—80. — M. Léopold Delisle indique les manuscrits 9363—9366 ainsi (BIBLIOTHÈQUE‖DE L'ÉCOLE ‖ DES CHARTES ‖ REVUE D'ÉRUDITION ‖ CONSACRÉE SPÉCIALEMENT A L'ÉTUDE DU MOYEN AGE. ‖ VINGT-TROISIÈME ANNÉE. ‖ TOME TROISIÈME ‖ CINQUIÈME SÉRIE. ‖ PARIS. ‖ J.-B. DUMOULIN, ‖ LIBRAIRE DE LA SOCIÉTÉ DE L'ÉCOLE IMPÉRIALE DES CHARTES ‖ QUAI DES AUGUSTINS, 13. ‖ M DCCC LXII, page 306, lig. 28—30. TROISIÈME LIVRAISON. ‖ Janvier-Février 1862. — INVENTAIRE ‖ DES ‖ MANUSCRITS ‖ CONSERVÉS A LA BIBLIOTHÈQUE IMPÉRIALE ‖ SOUS LES N.ᵒˢ 8823—11503 DU FONDS LATIN ‖ ET FAISANT SUITE A LA SÉRIE ‖ DONT LE CATALOGUE A ÉTÉ PUBLIÉ EN 1744 ; ‖ PAR ‖ LÉOPOLD DELISLE, ‖ MEMBRE DE L'INSTITUT. ‖ PARIS ‖ AUGUSTE DURAND, LIBRAIRE-ÉDITEUR, ‖ RUE DES GRÉS, 7. ‖ 1863, page 30, lig. 28—30) :

« 9363—9366. Catalogues et documents divers relatifs aux manuscrits
» de Colbert, la plupart rédigés ou recueillis par Baluze,
» XVII—XVIII S ».

MEMOIRE CONCERNANT L'ORDRE QUE JE M' ESTOIS PROPOSÉ
POUR RENGER LES PAPIERS DE MONSIEUR.

Je Répresenteray s'il plaist à Monsieur, tout ce que j'ay observé dans l'arrengement de ses papiers, depuis que j'ay commencé à y travailler jusque
ast heure (*sic*), affin que, n'obmettant rien de ce qui peut luy faire connoistre
l'estat où ils sont et l'ordre que je m'estois proposé pour les faire rellier, il
me fasse, s'il lui plaist la grâce de me dire sa volonté et la peyne qu'il
agréera prendre de lire et apostiller ce mémoire me soulagera beaucoup.

La première chose que j ay faitte a esté de choisir et séparer les mémoires
et les lettres qui peuvent servir de quelque instruction d'avec celles dont on
ne scauroit rien tirer de considérable, comme sont les lettres de compliments
et de demandes, particulièrement des personnes de peu de condition, et desquelles l'amitié ou la hayne, les richesses ou l'indigence, ne font aucune
figure dans l'estat (1) , les mémoires et les lettres de la conduitte et des re-
creues de divers régiments, les plaintes de gouverneurs de places, nommément
de celles qui n'ont jamais esté attaquées et dont le deffaut de munitions ou
de réparations n'a rien produit de conséquence, les lettres touchant les provisions et voitures de munitions de bouche ou de guerre, les contes des
munitionaires et autres semblables. Car, quoy que la connoissance de tout ce
destail, du moins de la plus grande partie, ayt esté nécessaire lorsqu'il a esté
fait, il ne l'est plus présentement, si ce n'est en ce qui concerne la reveue
des troupes, pour en justifier le nombre quand il importe de le scavoir. Ce
que i'ay observé exactement, ayant inséré ses reveues que j'ay trouvées aux
endroits où il l'a fallu. Et je puis asseurer, Monsieur, que si j'ay failli dans
cette discussion, ça esté plustot par scrupule de n'avoir osé reietter plusieurs
lettres qui ne me sembloyent pas fort utiles, que dans la liberté d'en avoir
osté qui peussent servir. Mais comme le nombre de ces peu utiles, que j'ay
insérées en divers endroits de ces recueils, n'est pas grand et qu'elles ne fe-
royent pas la moitié d'un volume si elles estoyent jointes ensemble, j'ay es-
timé plus à propos de les laisser.

En faisant ce tirage, qui estoit absolument nécessaire, j'ay rengé les mémoires et les lettres qui sont restées, dans le mesme ordre que ie les voulois laisser, et ie les divise toutes en trois classes principales.

Je mets dans la première toutes les minutes des lettres de feu S. E. qui
sont les pièces les plus considérables.

Dans la deuxièsme les négotiations particulières des Ambassadeurs et Résidents.

Et dans la troisiesme les mémoires et les lettres de diverses personnes
et d'affaires différentes, dont quelques unes ont une suitte plus ou moins
grande, et se traittent en plusieurs lettres, et les autres se terminent dans
une seule, comme les advis et les responces sur des faits particuliers et autres semblables.

---

(1) « Il ne se peut rien de mieux que cette division » (Note marginale de Colbert.)

Il y a de deux sortes de minutes de S. E. de françoises et d'italiennes, que ie distingue ainsi, parce que ceux qui les ont fait transcrire les ont distingué de mesme. Une partie des françoises et une partie des italiennes ont esté mises ou net, et l'autre partie des unes et des autres n'est qu'en broullion avec plusieurs ratures, et la pluspart de ces broullions assez difficiles à lire. J'envoye un mémoire à Monsieur de toutes celles qui ont esté coppiées, françoises et italiennes (1).

Ceux qui ont mis, ou fait mettre au net les minutes italiennes, n'estant pas les mesmes que ceux qui ont mis ou fait mettre au net les minutes françoises, on n'a pas gardé le mesme ordre aux deux coppies. Les Italiennes sont coppiées année par année et chaque année contient un meslange de lettres à toute sorte de personnes, mesme à celles qui demeuroyent en France et a qui S. E. escrivoit en Italien des choses qui regardoyent les seules affaires de France, comm'à Messr. les Cardinaux Bichi et Grimaldi. (2)

Dans l'ordre de coppier les minutes françoises on ne s'est pas arresté si précisément à faire des volumes séparez de chaque année, mais l'on a eu aussy égard aux matières contenues dans les lettres et aux personnes à qui elles estoyent escrittes. L'on a mis dans un volume des lettres de plusieurs années ; dans un autre, des lettres d'un mesme Royaume, ou d'affaires de mesme nature ; dans un autre des lettres de diverses affaires, mais escrittes à une mesme personne. De sorte qu'il seroit difficile de ioindre ces deux espèces de minutes italiennes et françoises (3). Peut estre aussy que Monsieur ne le jugera pas nécessaire, puisque les Italiennes peuvent composer un cors séparé et les françoises un autre cors, et que la table dont je parleray cy aprez suppléera à ce qu'il pourroit désirer pour cela (4).

Et il ne resteroit rien plus à faire pour ces minutes italiennes qu'à donner à coppier ce qui ne l'est pas et à le faire coppier dans le mesme ordre des autres, c'est-à-dire année par année, ce qui ne se peut bien faire que par un copiste italien, qui escrive distinctement. Et cependant on ne laissera pas de faire rellier celles qui sont coppiées (5).

Les minutes françoises n'ont esté transcrittes que jusques en 1653. Le surplus des années suivantes, qui fait environ le tiers de celles qui ont esté coppiées, reste à estre mis au net. De ce reste de coppies à mettre au net,

---

(1) « J'ay veu ce mémoire. » (Note marginale).
(2) « J'estime qu'il faut suivre cet ordre commencé et faire une table. » (Note marginale).
(2) « Cet ordre avoit esté donné pour S. E.^{ce} qui vouloit que ses lettres fussent copiées par Makier. »
(4) « Pour les minuttes Italiennes, il faut sans difficulté suivre l'ordre commencé. » (Note marg.)
(5) « La difficulté sera de trouver un copiste italien. Si vous avez peine d'en trouver il faut dire à M. Dumet qu'il s'informe à l'abbé Valenti, de Ruti, ou à lui ou quelque autre, s'ils n'en scavent, point. — Il faut ou prendre garde d'avoir quelqu'un qui soit fidèle, ou s'en deffier. » (Note marginale).

il y en a presque le tiers qui est escrit tout de suitte, dans des cahyers, sans aucun ordre de datte, et sans distinction ni d'affaires ni de personnes. Le reste est dans des feuilles séparés, lettre par lettre, qui ne sont la plus part que de petits morceaux de papier.

Je n'estime pas que pour les renger et mettre au net, il faille se reigler sur celles qui sont coppiées, parce qu'on n'y a pas toujours suivi un mesme ordre, ainsi que i'ay dit.

Comm'il y a de deux sortes de ces minutes françoises, les unes qui ne sont qu'en broullion et ce sont proprement les minutes et les autres qui sont des coppies de ces broullions mis au net, du moins pour la plus grande partie, la première pensée que i'avais eu d'un ordre pour renger estoit de faire et composer un cors de toutes les minutes coppiées, faisant coppier celles qui ne le sont pas encore, et les joignant à celles qui le sont déjà pour les réduire tout en un cors de plusieurs volumes, de mesme que les minutes italiennes coppiées, ce qui sera certainement un bel ouvrage. Et ie voulois aussy insérer parmi les lettres originales, tant des Ambassadeurs et des résidents que des autres particuliers que i'ay rengées, touts les broullions desd.' minutes coppiées, en sorte que chaque broullion ou minute de S. E. fust jointe à la lettre à laquelle elle sert ou donne matière de responce.

Pour composer le cors de touttes les minutes coppiées, il n'y avoit qu'à faire transcrire en l'ordre qui eust esté jugé le meilleur, et dans des cahyers semblables à ceux qui sont desià mis au net, tout ce qui reste à coppier ded.' minutes, tant celles qui sont dans des feuilles ou broullions séparez, que celles qui sont escrittes dans des cahyers, et les ioindre toutes ensemble.

Et pour insérer parmi les lettres originales eu la manière que ie viens do dire, lesd.' minutes, qui ne sont qu'en broullion, ie n'y trouvois pas aussy de difficulté, parce que nous avons en des feuilles séparées presque touts les broullions des minutes qui sont desia coppiées, et pour les autres broullions ou minuttes non coppiées, il y en a aussy, comme j'ay dit, une partie en des feuilles séparées, lettre par lettre, et propres à estre insérées, et pour les autres qui sont dans des cahyers il eut fallu les coppier deux fois, l'une fort au net, de bonne escriture, en d'autres cahyers, et en un bon ordre, pour les ioindre aux autres cahyers desia mis au net. Et une autre fois en des feuilles séparées et lettre à lettre, ainsi que les broullions précédents, ce qui n'eust pas cousté beaucoup, cette dernière coppie estant escritte plus viste et moins curieusement.

Cet ordre d'jnsérer ainsi les minutes qui sont en broullion avec les lettres originales, outre qu'il a esté observé dans l'arrangement de l'original du traitté de Munster, me sembloit le plus exact, ne jugeant rien de plus incommode que d'aller chercher ailleurs une responce qui sert d'instruction et mesme d'intelligence, pour une lettre qu'on lit, et se charger de plusieurs volumes pour une seule affaire.

Mais comme ie m'apparçeus que ce meslange ou insertion de minutes retarderoit la rellieure, parce qu'il faudroit attendre non seulement que les broullions qui sont engagez dans les cahyers fussent coppiez, mais aussy qu'on eust recouvert et fait coppier des lettres de S. E. qui ne sont pas parmi les minutes et qu'on espère avoir d'ailleurs, ioint aussy qu'on pouvoit suppléer par une table et par des renvoys à ce deffaut de ne pas trouver ensemble la lettre et la responce, je me déterminay de faire seulement coppier de suitte, et dans un certain ordre toutes les minutes qui restent à estre mises au net. (1)

La table que j'ay desia commencée par l'ordre de l'alphabet, aussy distincte et exacte que ie le puis, est des noms des personnes qui escrivent, de celles à qui l'on escrit, de la datte des lettres, du lieu où elles sont dattées et de la page du volume où elles se trouvent. Et si Monsieur le désire on pourra la faire encore plus ample lorsque les volumes seront relliez. (2)

Que s'il ne s'arreste point aussy à ce meslange de lettres et de responces, il n'y aura qu'à commencer à faire coppier ce qui reste de minutes. Et voicy l'ordre dans lequel i'ay proietté de les faire transcrire, qui est le mesme que j'ay suivi dans la disposition des lettres originalles.

1.° Faire coppier de suitte, et touiours. par ordre des dattes, les lettres escrittes à un Ambassadeur ou à un résident, sans y en insérer pas une escritte à un autre, bien qu'elle traittât de la mesme affaire, n'en ayant aussy point inseré parmi les originaux des despèches desd.⁵ Ambassadeurs et Résidents, que s'il s'en rencontre quelques unes, ce sont de celles qu'ils ont mis eux mesmes, et dont ils parlent dans leurs despèches; ce que i'ay observé, parce que leur employ est un'affaire particulière, que la mesme chose a esté pratiquée dans toutes les négotiations qui ont esté données au public, et que toutes les autres lettres estant rengées, aussi bien que celles-là, année par année, on trouvera facilement, si on en a besoing, les lettres qui auront rapport avec celles desd.⁵ Ambassadeurs, à quoy la table servira aussy beaucoup. On pourroit bien encore faire coppier les dittes minuttes d'un papier esgal en grandeur à celuy des lettres desd.⁵ Ambassadeurs et résidents, et les faire rellier en suitte desd.⁵ originaux, lesquels avec les minutes ainsi coppiées formeroyent une mesme négotiation.

---

(1) « J'estime que cet ordre est la meilleure et que la table suffira pour trouver la responce » et la minutte. » (Note marginale)

(2) « Il sera bon, quand les volumes seront relliés, de mettre un mot de ce que chaque lettre » contiendra. » (Note marginale).

2.° faire coppier séparément et de suitte sans y mesler autre chose, les lettres qui concernent chaque Royaume estranger, comme les lettres qui regardent le Portugal, séparément, celles qui concernent le reste de l'Espagne séparément, celles de Flandres, séparément, celles de Hollande ou' de Messr.' les Estats, séparément, et ainsi des autres Royaumes et Estats de différents princes, ayant rangé les originaux dans le mesme ordre.

3.° faire aussy coppier celles qui regardent la France, par ses provinces, chacune séparément, comme les lettres qui concernent la Champagne, séparément. Et ainsi des autres provinces, qui est le mesme ordre que i'ay gardé dans les originaux.

Mais parce qu'il y a une plus grande quantité de lettres touchant les affaires de France, que des autres Royaumes, cette grande quantité m'a obligé à quelques autres recueils particuliers, le 1.er des affaires du Clergé, en général, où sont les lettres qui concernent les assemblées du Clergé, celles de M.r le Card. de Retz et autres semblables; le 2.e est des affaires de la Religion prétendue Réformée; le 3.e des lettres qui regardent Paris et les Intrigues de la Cour; le 4e des lettres concernant les finances, parce qu'il y en a plusieurs mémoires et le 5.e concernant les lettres de la marine, qui contiennent différents procez pour des prises faittes sur la mer, les armements et courses des vaisseaux, et des galères, et autres choses semblables (1).

Il y a encore, outre cela, aussi bien dans les minutes que parmi les lettres originalles plusieurs mémoires qui ne peuvent se rapporter à aucun des recueils précédents, comme les mémoires qui contiennent les propositions de divers ouvrages, de machines, et autres choses que ie mets aussy ensemble et séparément sous le titre de divers mémoires.

J'ay obmis de remarquer, touchant l'Italie, que les armes du Roy dans les Estats du duc de Savoye et dans la Lombardie y ayant fait naistre plusieurs affaires, et y ayant eu aussy quantité de desmelez a Romme, que i'en ay fait deux recueils; l'un des Lettres concernant les Estats de Savoye et de la Lombardie, et l'autre des affaires de Romme, ayant encore observé de séparer et mettre à part les lettres particulières des affaires considérables des princes Italiens, comme ce qui regarde les desmeslez des confins de l'Eglise et de la République de Venise, dans le Ferrarois, dont il y a un gros paquet, les sièges des postes de Toscane, les affaires des Génois et autres.

Que si Monsieur le jugeoit à propos, on pourroit faire mettre au net les susd.es minutes, ainsi rengées dans un papier esgal en grandeur aux d.s originaux qui sont aussy disposez dans le mesme ordre. Et il ne me restoit plus qu'une difficulté touchant ces minutes, qui consiste à scavoir ce que l'on fera des broullions aprez qu'ils seront mis au net, (supposé qu'on ne les insère

---

(1) « Il faut observer d'insérer, s'il se peut les escrits qui ont esté faits sur diverses matiè-
» res de part et d'autre, par exemple sur ce qui a esté escrit tant pour le Card.al de Retz que con-
» tre luy. » (Note marginale).

pas parmi les originaux), s'il les faudra rellier, et en quelle manière. Sur quoy ie faisois distinction et différence des dits broullions, en ce que les uns sont escrits entièrement, ou du moins pour la plus grande partie de la main de S. E., qui n'a fait qu'aiouster ou corriger quelche chose aux autres. Il y en a aussy qui sont escrits de la main de M.ʳ de Lyonne et les autres par différents secrétaires (1). Ce qui a ésté entièrement minuté de la main de S. E. ou mesme pour la plus grande partie, avec encore ce que M.ʳ de Lyonne, qui a esté employé aux affaires plus particulières, a escrit, pourroit estre rellié ensemble en la manière qu'il plaira à Monsieur, et le reste qui n'est que de la main des secrétaires, et dont la plus grande partie est dans des cahyers, qu'il faudroit coller, si on vouloit le rellier, pourroit estre enveloppé et conservé dans des paquets (2). La mesme difficulté eust pu estre formée touchant les broullions des minutes de S. E. du traitté de Munster, où il y en a de toutes les sortes, excepté de celles qui sont desia insérez parmi quantité de lettres originalles, de M.ʳˢ Davaux, Servien et autres, et que le tout ensemble fait un corps de minute d'un traitté considérable, ie les ay disposé pour les faire rellier ensemble de mesme façon que ce qui en est coppié.

Monsieur voit assez que tout ce que ie viens de dire des minutes et de l'ordre de coppier ce qui en reste regarde aussy celuy dans lequel i'ay rangé les dits originaux des négotiaõns des Ambassadeurs et résidents, des lettres particulières, et des mémoires différentes, sans qu'il soit nécessaire que ie l'en importune davantage, mais il me permettra de luy représenter encore deux choses, qui concernent ce mesme arrengement des originaux et par conséquent des minuttes qui doivent, autant qu'il se pourra, estre disposées dans le mesme ordre.

La première est touchant les lettres de compliments et demandes de grands seig.ʳˢ que ie n'ay pas mises à part, comme quelques-uns eussent pu faire, mais que i'ay le plus souvent insérés dans le Royaume ou dans la province de celuy qui les escrit, et suivant cet ordre j'ay mis par exemple les lettres de M.ʳˢ les Electeurs dans les lettres d'Allemagne, les lettres du Roy de Danemarck parmi celles du Danemark, et ainsi des autres, ce que i'ay fait parce qu'il m'a semblé qu'on les trouve plus facilement dans cet ordre, et qu'on cherche plustot la lettre d'un prince d'Allemagne dans un recueil des lettres d'Allemagne que non pas ailleurs (3). Dans ces lettres de compliment, celuy qui les escrit parle ordinairement de quelque chose qui le concerne, ou bien de ses Estats. Les Recueils imprimez des lettres de cette sorte sont rengez comme

---

(1) « Il faudrait relier ensemble toutes les lettres où il paroist de l'escriture de S. E. avec celles de M. de Lionne. » (Note marginale).
(2) « Il faudra relier de mesme les minuttes escrites de la main des secrétaires, mais séparément de celles de S. E. et de M. de Lionne. » (Note marginale).
(3) « Cet ordre est fort bon. » (Note marginale).

cela, et la raison qui pourroit obliger de le faire autrement s'il s'agissoit d'une personne moins considérable ne regarde point S. E. qui n'a pas besoing de ces témoignages particuliers et qu'on sçait assez avoir eu correspondance et communication très fréquente avec touts les potentats et princes de l'Europe.

La 2.ᵉ chose regarde un'autre circonstance pour l'ordre des lettres de la troisiesme classe, qui sont des lettres de différentes personnes, car encore que je les ay rengées, ainsi que j'ay dit, suivant les Royaumes, les provinces, les affaires particulières et l'ordre des dattes, il y a néanmoins des affaires dans quelques unes de ces lettres qui se traittent et s'expliquent, non pas par une seule lettre, mais par plusieurs, comme par exemple l'affaire de M.ʳ le prince, dans l'année 1651, qui est rengée parmi les intrigues de la Cour, les brouilleries de Bordeaux pendant plusieurs années, qui sont rengées parmi les affaires de la Guyenne, et autres semblables. Ma difficulté a esté, si je mettrois ensemble et dans une suitte non entre coupée, du moins dans chaque année, toutes les lettres qui parlent de ces sortes d'affaires, ou bien, si, n'y considérant point cette suitte, ie n'aurois esgard qu'a la datte, le rengeant touttefois dans leurs matières, confermement à la distribution que j'en ay faitte (1).

Je m'expliqueray mieux à Monsieur par l'exemple des lettres qui concernent M.ʳ le prince, car je puis ranger toutes celles de plusieurs particuliers qui parlent de cett'affaire, durant les moys de Janvier, fev.ʳᵉʳ Mars etc. ou toutes ensemble, sans y mesler pas une qui parle d'aucun autre affaire, quoy que d'une date antérieure à plusieurs de celles qui parlent de l'affaire de M.ʳ le prince, comme s'il y a des lettres qui parlent d'un affaire de M.ʳ d'Orleans (lesquelles sont dans le mesme recueil des affaires de la Cour) qui soyent du moys de Jan.ᵉʳ de cette mesme année que celles qui regardent Mr. le prince, je ne les mettrai pas, suivant ce premier proiet de renger les lettres d'une mesme affaire toutes de suitte, parmi celles du moys de Janvier qui concernent Mr. le Prince, mais ie les metray aprez, quoy qu'antérieures en datte. Que si ie ne considère dans toutes ces lettres qui sont dans le recueil des intrigues de la Cour de lad.ᵉ année 1652 que la seule datte, je rengeray indifféremment celles du moys de Jan.ᵉʳ qui concernent Monsieur d'Orléans avec celles qui concernent Mr. le prince du mesme moys et de la mesme année, ne considérant dans les unes et dans les autres que la seule datte.

Voicy mes raisons pour les renger de la première manière, c'est-à-dire pour mettre ensemble, et dans une suitte continue les lettres d'une mesme affaire.

Il y a plus de satisfaction de trouver tout de suitte, pour lire sans interruption ce qui regarde une mesme affaire que d'en chercher les lettres

---

(1) « Il vaut mieux suivre ce dernier ordre. » (Note marginale).

dispersées en divers endroits, M.ʳ de Thou et la pluspart des autres qui ont escrit l'histoire généralle gardent plustot l'ordre de cette suitte que celuy des dattes, et rapportent année par année les intérets d'un prince en un seul endroit de l'année, et successivement ceux des autres princes.

Les mercures françois et estrangers qui sont des abrégez des histoires généralles en font de mesme. Mais voicy les raisons au contraire.

Ces recueils sont bien la matière d'une belle histoire, mais non pas un'histoire, outre que dans l'ordre de ces recueils ie faits la mesme chose que M.ʳ de Thou et les autres historiens genéraux, ayant rangé séparément dans chaque année ce qui regarde la France, separement ce qui regarde l'Italie, et ainsi des autres princes, qui est traitter séparément et successivement de leurs intéréts. Pour ranger ces lettres par ordre d'affaires il falloit les lire et examiner plus exactement que ie n'ay pu ou deu faire pour n'en pas retarder la rellieure, qui est une chose fort considérable. La table avec des renvois suppléera à cet assemblage de lettres par suitte d'affaires. Les lettres de Mess.ˢ Dossat, président, Jeannin, du Perron et autres ne sont disposées que par ordre de dattes. Et enfin il se rencontre ordinairement que dans une mesme lettre on parle de plusieurs affaires très importantes et il seroit difficile le plus souvent de déterminer en quelle sorte d'affaire on la doit renger, et passant s'il plaist à Monsieur que ie luy en dise mon petit advis, il me sembleroit plus à propos de ranger le tout par ordre de dattes, suivant l'ordre cy–dessus (1).

De ce présent mémoire corrigé par les apostilles que Monsieur prendra la peyne d'y faire, J'estimerois qu'il s'en pourrait former une manière de préface, servant d'avertissement, que l'on mettroit au commencement de ces recueils, pour donner l'intelligence de l'ordre qu'on y a observé. (2).

Chapelain dans sa correspondance avec Colbert cite Carcavi chaque fois qu'il s'agit d'un objet ajouté à la Bibliothèque du Ministre (3). Carcavi fut

(1) « Cet ordre me semble le meilleur. » (Note marginale).
(2) « Il n'y a rien à reformer au contenu de ce mémoire. » (Note marginale).
(3) « Il vous en a voulu, Monseigneur donner de particulières de sa reconnoissance, en me » faisant‖apporter plusieurs livres très-bien traités de ceux qu'il a ou composés ou commentés, pour » avoir‖place dans vostre bibliothèque, lesquels je mettray, dés ce soir, entre les mains de M. Car-» cavi,‖afin qu'il la leur y fasse trouver » (LETTRES ‖ INSTRUCTIONS ET MÉMOIRES ‖ DE ‖ COLBERT‖ PUBLIÉS D'APRÈS LES ORDRES DE L'EMPEREUR ‖ SUR LA PROPOSITION ‖ DE SON EXCELLENCE M. MA-GNE, MINISTRE SECRÉTAIRE D'ÉTAT DES FINANCES ‖ PAR PIERRE CLÉMENT ‖ MEMBRE DE L'INSTITUT ‖ TOME V. ‖ FORTIFICATIONS,‖SCIENCES, LETTRES, BEAUX–ARTS, BATIMENTS. ‖ PARIS ‖ IMPRIMERIE IM-PÉRIALE ‖ MDCCCLXVIII, page 613, lig. 39—42. LETTRES DE CHAPELAIN A COLBERT, 33). — « Ce » pendant j'ay reçu de luy un volume in-folio du différend qui s'est meu entre l'électeur pa-‖latin » et celuy de Mayence, de la main du mesme M. Bocklerus, engagé à ce travail par ce dernier,‖où » est discutée à fond en termes de droit, la question importante dont depuis le Roy a ésté élu‖pour » arbitre. Je le fais relier pour le remettre entre les mains de M. Carcavi, qui vous le présen-‖tera à vostre prem.er voyage » (LETTRES ‖ INSTRUCTIONS ET MÉMOIRES ‖ DE ‖ COLBERT‖etc.‖TOME V. ‖ etc., page 615, lig. 24—28. LETTRES‖DE CHAPELAIN A COLBERT, 35). — « Enfin, j'ay esté assez heureux » pour retirer du naufrage le paquet de livres que le signor Ottavio‖Ferrari m'adressoit pour vous, » et qui estoit demeuré ensevely sous les piles de marchandises de la‖douane, de Lyon. Je les re-» mettray demain à M. Carcavi pour les placer dans vostre bibliothèque » (LETTRES ‖ INSTRUCTIONS

le collaborateur de Colbert ; une lettre adressée « AU SIEUR GODEFROY, || BIBLIO-
» GRAPHE A LILLE » (1), en date de « Paris 5 mars 1669 » (2), prouve qu'il ju-
geait les travaux envoyés au Ministre. On lit en effet dans cette lettre (3) :
« Je vous ay fait connoistre mes sentimens ces derniers jours que je vous
» écrivis, et vous aurez vu aussy ceux de M. Carcavi sur vostre travail ».
Il en fut un peu le confident, témoin le passage suivant du Journal du Cavalier
Bernin en France par M. de Chantelou, publié pour la première fois par M.
Ludovic Lalanne (4) :

ET MÉMOIRES || DE || COLBERT || etc. || TOME V. || etc., page 617, lig. 11—13, LETTRES||DE CHAPELAIN
A COLBERT, 37). — « Au reste, Monseigneur je reçus hier au soir du très-savant, M. Reinesius les
» actions de grâces||qu'il avoit rendues au Roy des le commencement du mois de may, imprimées
» pour publier la mu-||nificence de Sa Majesté plus dignement par toute l'Allemagne, comme il le fit dès
» ce temps-là;||et ayant appris de moy la perte de son remerciement et de ses notes sur le prétendu
» fragment de||Petrone, qu'il vous dédioit, il en a fait un nouveau paquet qu'il a envoyé exprès par
» terre, et qui||me fut remis hier entre les mains, dans lequel sont plusieurs exemplaires de son
» remerciement et||deux exemplaires de ce livre qu'il vous adresse, l'un pour vous et l'autre pour la
» bibliothèque du||roy. Je m'en vais les porter à M. Carcavi, afin qu'il vous les présente au premier
» tour que vous||ferez à Paris. » (LETTRES || INSTRUCTIONS ET MÉMOIRES || DE || COLBERT || etc. ||
TOME V. || etc., page 619, lig. 1—9, LETTRES||DE CHAPELAIN A COLBERT, 39). — « Tout ce que j'ay
» à luy envoyer est prest et il n'y manque plus que l'acte de ratification de la || feue reyne mè-
» re, que M. Carcavi espère de recouvrer bientost de M. l'abbé de Bourzeis. » (LETTRES || INSTRUC-
TIONS ET MÉMOIRES || DE || COLBERT || etc. || TOME V.||etc., page 620, lig. 15—16, LETTRES||DE CHAPE-
LAIN A COLBERT, 40).—«M. Carcavi||avoit souhaité que je sçusse de luy si la bibliothèque fameuse et nom-
» breuse de Volfembutel (sic) ne se||vendroit point, désormais que le prince Auguste n'estoit plus » (LET-
TRES||INSTRUCTIONS ET MÉMOIRES||DE||COLBERT||etc.||TOME V.||etc., page 620, lig. 27—31, LETTRES||DE
CHAPELAIN A COLBERT, 40). — « Je luy ay mandé cela par la mesme voye couverte par laquelle je luy ay
» fait tenir les pièces||que M. Carcavi m'a mises entre les mains, et d'autant qu'il me demandoit aussy les
» écritures des||parties adverses, je luy ay indiqué Bruxelles et Anvers, d'où il les pourroit aysément
» tirer » (LETTRES || INSTRUCTIONS ET MÉMOIRES || DE || COLBERT || etc. || TOME V. || etc , page 621.
lig. 20—22, LETTRES||DE CHAPELAIN A COLBERT, 41). — « J'estime que le panégyrique latin de
» M. Ferrari vous aura plu comme il a plu à ceux de vos ser-||viteurs à qui vous l'avez communiqué,
» entre autres à MM. Carcavi et Huygens||qui me l'ont extrêmement loué. » (LETTRES||INSTRUCTIONS
ET MÉMOIRES || DE COLBERT || etc. || TOME V. || etc., page 632, lig. 12—14, LETTRES||DE CHAPELAIN A
COLBERT, 58). — « Ces exemplaires, Monseigneur, sont maintenant entre les mains de M. Carcavi.
à qui je les ay||laissés pour vous les faire voir, la première fois que vous viendrez en vostre bi-
» bliothèque » (LETTRES || INSTRUCTIONS ET MÉMOIRES || DE || COLBERT || etc. || TOME V || etc., page
636, lig. 8—9, LETTRES||DE CHAPELAIN A COLBERT, 64). — « M. Carcavi vous aura rendu compte
» des sentimens des convoqués sur la question qu'il vous avoit || plu de nous proposer, et, comme
» ils se trouvèrent tous assez semblables, je n'ay pas cru devoir||abuser de vos précieux momens en
» joignant à son rapport mon opinion particulière » (LETTRES || INSTRUCTIONS ET MÉMOIRES || DE ||
COLBERT || etc. || TOME V || etc., page 641, lig. 13—15, LETTRES || DE CHAPELAIN A COLBERT, 72).
« Monseigneur, j'ay appris que le présent de ce grand nombre de médailles, de quelques lampes||
» antiques et d'autres curiosités des vieux temps, que M. Ferrari, de Padoue, vous vouloit faire et||
» que vous avez eu la bonté d'agréer, estoit arrivé enfin à Paris, chez M. Pocquelin, et de||chez
» luy porté à la douane, d'où M. Carcavi les retirera pour vous les présenter à vostre retour »
(LETTRES || INSTRUCTIONS ET MÉMOIRES || DE || COLBERT || PUBLIÉS || PAR PIERRE CLÉMENT || MEMBRE
DE L'INSTITUT || TOME VII || LETTRES PRIVÉES-SUPPLÉMENT — APPENDICE|| PARIS||IMPRIMERIE NATIO-
NALE||M D CCC LXX || page 349, lig. 27—28, page 350, lig. 1—2.||APPENDICE. LETTRES PRIVÉES.||XXVIII).

(1) LETTRES || INSTRUCTIONS ET MÉMOIRES || DE || COLBERT || etc. || TOME V || etc., pag. 278, lig.
14—15 || LETTRES || BEAUX ARTS ET BÂTIMENTS 34.

(2) LETTRES || INSTRUCTIONS ET MÉMOIRES || DE || COLBERT || etc. || TOME V || etc., pag. 278, lig. 17.

(3) LETTRES || INSTRUCTIONS ET MÉMOIRES || DE || COLBERT || etc. || TOME V || etc., pag. 278,
lig. 30—31.

(4) GAZETTE || DES || BEAUX-ARTS||VINGTIÈME ANNÉE-DEUXIÈME PÉRIODE.||TOME DIX-SEPTIÈME. —

« J'avais vu M. Boutart qui m'avait dit que M. de Liancourt[5] avait su de
» l'abbé de Bourzé[6] et de Carcavi[7] que le Roi était refroidi du dessin du Cava-
» lier, que Mansart le trouvait beau et approuvait la pensée qu'avait euc le
» Cavalier pour l'autel du Val-de-Grâce de le faire au-devant de la grille et le
» petit au fond; a dit encore que, pour le Louvre, le Cavalier et Mansart eussent
» pu s'accomoder. Le Cavalier pour le grand, les pensées nobles et M. Man-
» sart pour l'économie du dedans. »

La lettre suivante nous prouve que Carcavy fut aussi pour Colbert un conseiller; elle a été publiée pour la première fois par M. Depping (1):

« COLBERT A CARCAVI.

» A Fontainebleau, ce 12.e juillet 1664.

» Nous sommes icy en une difficulté assez considérable sur ce qui
» concerne les lieux d'exercice de la relligion prét. réformée dans le
» pays de Gex.

» La république de Berne prétend que ce pays a esté cédé au roy
» par le traitté de 1602 pour en jouir de la mesme manière que le duc
» de Savoye en jouissoit.

» Les Bernois prétendent que par deux traittez de paix faits entre
» M. de Savoye et eux en 1564 et 1589 (si je ne me trompe), M. de
» Savoye estoit obligé de ne rien innover au fait de la relligion, et de
» laisser toutes choses en l'estat qu'elles estoient lors, en sorte que
» M. de Savoye estant obligé en vertu de ces deux traittez, et le roy
» ayant succédé aux droits et obligations de M. de Savoye, S. M. ne
» peut rien innover sur ce sujet. La raison de cette difficulté est qu'en
» 1662 le roy ordonna, par arrest de son conseil d'en hault, la démoli-
» tion de vingt-cinq temples dans les pays de Gex, et n'a laissé aux hu-
» guenots que trois lieux d'exercice libre dans le dit pays.

» Les catholiques dudit pays prétendent que lesdits traittez n'obli-
» geoient point M. de Savoye, et par conséquent, qu'ils n'obligent point
» le roy. La raison qu'ils allèguent est que par le dernier traitté de 1589
» la paix devoit estre restablie, et le pays de Gex remis en l'obéissance
» dudit sieur duc de Savoye, ce qui ne fut point executé par la rebel-
» lion des habitans dudit pays, lesquels, soustenus tousjours par les
» Bernois, se maintinrent dans la désobeissance et la rébellion, en sorte
» que le dit duc fust obligé de leur faire tousjours la guerre, en telle sorte
» que lorsqu'il fit le traitté de 1662, il n'estoit pas encore paisible, ce
» qui fait connoistre clairement qu'il n'estoit point obligé à l'execution
» dudit traitté de 1589, puisque lesdits habitans dudit pays de Gex ne
» l'exécutèrent point de leur part.

» Et pour preuve convainquante que le duc de Savoye n'estoit point
» obligé à l'exécution desdits traittez, ils disent qu'il estoit obligé par
» iceux à laisser les choses de la relligion en l'estat qu'elles estoient
» lors dans trois bailliages qui sont au delà du Rosne, ce qu'il n'a point
» exécuté, ayant chassé tous les relligionaires, et ne les ayant point
» soufferts depuis ce temps-la, par la raison cy-dessus que lesdits trait-
» tez n'avoient pas esté exécutés de la part de ses sujets rebelles.

» Je prie M. Carcavi de prendre la peine d'examiner cette question,
» et en mesme temps de m'envoyer les traittez faits entre ledit duc de
» Savoye et les Bernois depuis 1535 jusques en 1602, ensemble le
» traitté fait entre Henri IV et le duc de Savoye en 1602, et ce qui
» est dit dans les histoires de Savoye et autres touchant ce qui s'est
» passé entre les mesme duc de Savoye et le dit pays de Gex, depuis le
» dernier traitté de 1589 jusques en 1602 ».

GAZETTE ‖ des ‖ BEAUX-ARTS. ‖ Courrier Européen ‖ *de L'ART et de la CURIOSITÉ.* ‖ PARIS. ‖ 8, RUE FAVART, 8 ‖ 1878, page 352, lig. 35—36, page 353, lig. 1—5.

(1) CORRESPONDANCE ‖ ADMINISTRATIVE ‖ SOUS LE RÈGNE DE LOUIS XIV ‖ ENTRE LE CABINET DU ROI ‖ LES SECRÉTAIRES D'ÉTAT, LE CHANCELLIER DE FRANCE ‖ ET LES INTENDANTS ET GOUVERNEURS DES PROVINCES ‖ LES PRÉSIDENTS, PROCUREURS ET AVOCATS GÉNÉRAUX DES PARLEMENTS ‖ ET AUTRES COURS DE JUSTICE ‖ LE GOUVERNEUR DE LA BASTILLE, LES ÉVÊQUES, LES CORPS MUNICIPAUX, ETC. ETC. ‖ RECUEILLIE ET MISE EN ORDRE ‖ PAR G. B. DEPPING ‖ TOME IV ET DERNIER ‖ TRAVAUX PUBLICS.—AFFAIRES RELIGIEUSES.—PROTESTANTS.—SCIENCES, LETTRES‖ET ARTS.—PIÈCES DIVERSES‖PUBLIÉ PAR GUILLAUME DEPPING FILS ‖ PARIS ‖ IMPRIMERIE IMPÉRIALE ‖ MDCCCLV ‖ page 307, lig. 14—29, page 308.

Enfin Carcavi dut répondre sur une question qui préoccupa fort St. Simon, la préséance entre les ducs et pairs et les présidents au mortier du Parlement dans les lits de justice. Voici son mémoire jusqu'ici inédit : (1)

MEMOIRE SUR LA PRÉSÉANCE DES DUCS ET PAIRS.

1. Depuis que les Roys ont fait le parlem.ᵗ sédantaire, leurs lits de justice y ont toujours paru avec un esclat proportionné à leur Majesté Royalle, leurs principaux officiers estoyent ceux de leur suitte, le plus souvent ils ne faisoyent point opiner, mais commandoyent qu'on publiât leurs ordres sans autre formalité, ce qui se pratique encore aujourd'huy.

2. L'exemple allégué en cet article n'est pas avantageux à Mess.ⁿ du parlement, le Roy Louys 12.ᵉ appelé le père du peuple, estant en son lit de justice se plaignit au premier président de ce qu'on avoit distribué une amande contre ses deffences, il luy commanda de prononcer le contraire à huis ouverts, à quoi il obeït, et pour rendre cette rétractation plus considérable le Roy fist monter les présidents et les Con.ᵉʳˢ aux hauts sièges, qui est la seule fois qu'il y ont eu séance.

3. Les lits de Justice ou les séances de Roys aux parlemens y ont esté aussy fréquentes et mesme davantage par le passé qu'elles ne le sont à présent. Ils y alloyent pour faire playder devant eux des causes de simples particuliers sans autre nécessité de leurs affaires, mais on n'a marqué que depuis environ six vingt ans sur les registres la manière des séances et l'ordre des opinions, lequel ordre a esté constamment depuis l'establissement du parlement iusques en 1610, en faveur des princes Ducs et pairs, sans que les présidents ny personne autre y ayt formé la moindre contestation ; les exemples en sont cottez dans une feuille séparée.

Pour ce qui concerne M.ʳ de Montmorance il ne se voit pas que le parlement ayt fait aucune difficulté à la vérification de la pairie. M.ʳ de Thou, qui estoit bien instruit des usages de la compagnie n'en parle dans son his.ᵉ qu'en passant et il est dit dans les Registres que M.ʳ Baillet, m.ʳᵉ des req.ᵉˢ, porta le der.ᵉʳ Juillet 1551 une lettre du Roy au parlement, touchant cette érection et que le 4.ᵉ aoust en suivant on la vérifia.

4. Le nombre des séances du Roy au parlement est aussy marqué séparément pour iustifier plus distinctement que M.ⁿ les présidents n'en sauroyent tirer aucun avantage, non pas mesme pour leur prétendue possession.

5. L'allégation de la goutte de M.ʳ de Sillery, pour ne pouvoir pas descendre vers mess.ⁿ les présidents, est une raison faitte à plaisir, mais on auroit

---

(1) Bibl. nat. de Paris, ms. n: 212 des 500. Colbert, f° 310.

bien de la peyne d'en trouver quelqu'une pour le garentir de l'innovation qu'il fist sur ce suiet en 1610, sans aucune apparence d'exemple précédent ; tout le monde n'a pas aprouvé son procéder non plus que ce qu'il fist en 1614, ayant pris l'advis desd.ˢ S.ʳˢ présidents, avant celuy de la Reyne Régente : ces remarques sont tirées de leurs registres, où l'on ne trouvera pas celle de la pretendue goutte dud.ᵗ S.ʳ de Sillery.

6. Ce qui est rapporté dans cet article, touchant M.ʳ le Card. de Richelieu, devroit plustot estre attribué à la connoissance qu'avoit ce grand ministre, de la manière dont on devoit prendre les advis de Mss.ʳˢ les présidents qu'au refus qu' on luy fist de le laisser passer par le parquet, et quand il auroit deu avoir quelque ressentiment de ce procéder, il reste à juger si ce qu'ils veulent qu'il ayt fait par ce motif, n'a pas esté fait avec raison, veu les exemples de tout le passé.

Ce qui est adiousté dans le mesme art.ᵉ que M.ʳˢ les princes et M.ʳ le Card. s'aprochant du Roy ne disoyent pas pour cela leur advis, fait voir la passion de ceux qui l'allèguent, puisqu'il est porté formellement dans le Régistre qu'ils se levèrent, non pas pour conférer avec le Roy, qui ne dit pas pour cela son advis, mais pour dire leurs opinions en sa présence, aussy n'opinèrent-ils qu'en ce tems là et on ne fust pas un' autre fois prendre leurs opinions.

7. On pourroit dire sur cet article que M.ʳˢ les présidents ne se sont pas restablis aprez le decez de M.ʳ le Card.ᵃˡ de Richelieu, dans leur prétendue possession d'opiner les premiers, mais qu'ils ont pris le tems d'une seconde régence en 1643, pour renouveller un'usurpation qu'ils commencèrent en la prem.ʳᵉ de 1610.

8. Les actes qu'ils marquent avoir esté faits en suitte ez années 1652 et suivantes ne leur doivent paroistre plus considérables ; les troubles et les désordres de l'estat joints à une guerre estrangère, n'ont pas toujours permis d'y apporter les ordres nécessaires et qu'on eust bien souheté.

Ces Mess.ʳˢ le savent assez, et c'est ce qui les oblige de se servir d'autres armes et de chercher des meilleures raisons que leurs exemples. Ils en apportent deux principales :

La première, qui consiste dans la comparaison qu'ils font de leur prétendue preséance par dessus les pairs, avec celle qu'ont les mareschaux de France dans les armées par dessus les mesmes pairs, est si défecteuse qu'il n'y auroit pas sujet de s'y arrester, la qualité du duc ne porte point de Commission pour commander dans les armées, ceux qui s'y rencontrent sans l'ordre du Roy ni sont que comme par.ᵉʳˢ, mais lorsque les ducs vont au parlement et qu'ils y prennent leur place avec le Roy, elle leur appartient de droit, et comm' ils ne sont pas seulement institués longtems avant le parlement, mais que les officiers du parlement ne sont que comme des officiers subsidiaires pour les soulager dans les fonctions de la justice, il y a de quoy s'estonner de cette comparaison.

La 2ᵉ raison, qui a quelque apparence, consiste en ce qu'ils allèguent de la part que le Roy leur communique de son pouvoir et de son authorité. Il est vray qu'un sujet ne peut rien prétandre que par ce moyen, mais si ces mess.ʳˢ avoyent ainsi qu'ils prétendent la mesme authorité et la mesme preséance en la présence du Roy qu'en son absence, et que ce caractère qui leur est emproint leur deust faire rendre un respect esgal, il faudroit que Mess.ʳˢ les princes du sang, et mesme la Reyne se trouvassent dans les exemples qu'ils allèguent, avoir opiné aprez eux, comme en 1614, parce que tous les sujets du Roy doivent un respect particulier à ce qui porte cette marque, mais comme dans ces mesmes exemples, Mess.ʳˢ les princes ont touiours opiné les premiers, c'est une preuve que l'on ne considère ce caractére de mesme manière en la présence du Roy qu'en son absence, et partant, ny ayant aucune raison ni possession, mais seulement une iniuste usurpation, il est juste de restablir M.ʳ les Ducs et pairs dans les droits qui leur appartienent.

La réponse, comme on le voit est tout a fait dans le sens de Saint-Simon.. Suivent dans le manuscrit:

1º une liste des lits de justice avant 1620, où les advis des pairs sont pris avant ceux des presidents;

2º une liste des lits de justice, où l'on a pris les advis des présidents les premiers;

3º une liste des lits de justice, où les princes ont été les premiers, puis les présidents, puis les pairs;

4º une liste des lits de justice où les princes et pairs ont opiné les premiers.

III.

En 1663, la Bibliothèque du Roi était sous la direction nominale de Nicolas Colbert, le frère du Ministre, évêque de Luçon en 1661 (1). Mais celui-ci ne tarda pas à la mettre sous sa dépendance (2).

Varillas demanda en vain à être maintenu dans son poste de garde (3). Quoique Carcavi n'en eût jamais le titre, il en exerça effectivement les fonctions dès la fin de cette année. Ce n'était d'ailleurs pas la première fois que cette

(1) HISTOIRE GÉNÉRALE DE PARIS ‖ LE CABINET ‖ DES ‖ MANUSCRITS ‖ DE LA BIBLIOTHÈQUE IMPÉRIALE ‖ etc. ‖ PAR ‖ LÉOPOLD DELISLE ‖ etc. ‖ TOME I ‖ etc. , page 264, lig. 5—12.

(2) HISTOIRE GÉNÉRALE DE PARIS ‖ LE CABINET ‖ DES ‖ MANUSCRITS ‖ DE LA BIBLIOTHÈQUE IMPÉRIALE, etc. PAR ‖ LÉOPOLD DELISLE ‖ etc. ‖ TOME I ‖ etc. page 264, lig. 12—13.

(3) Sa lettre du 19 Octobre 1663 nous est conservée par Boivin (ms. fr. 22571, f. 481 et suiv.)

charge était entre les mains d'un mathématicien; déjà au XVIe siècle, Pierre
de Montdoré avait occupé ce poste avec distinction.

En même temps que Carcavi, Clement et Clérambault l'aîné entrèrent à
la Bibliothèque et, d'après Boivin, leur sort ne fut pas enviable: « Mr. de
» Carcavy les faisait lever tous deux avant le jour pour travailler jusqu'à
» la nuit, ce qui donna occasion à un des commis de M. Colbert, M.^r de
» Metz de les nommer la chiourme de M. de Carcavy. » (1).

Carcavi commença par dresser un « Mémoire », que je n'ai pu retrouver « de
» la quantité de livres tant manuscrits qu'imprimés qui estaient dans la Bi-
» bliothèque du Roy avant que M. Colbert en prist soin. » (2).

Il céda cette année même les livres de sa propre collection au roi (3). Il eut à
enregister le legs des 1923 manuscrits historiques du comte Philippe de Béthune:
il ne semble pas toutefois avoir eu conscience de l'importance de cette do-
nation: d'après Boivin (4) il aurait jugé ce recueil de peu de valeur. Il opéra
en 1666 la translation de la Bibliothèque dans la rue Vivienne, au bout des
jardins de M. de Colbert, à peu près à l'endroit où elle se trouve aujourd'hui;
le local de la rue de la Harpe était devenu trop étroit (5). Il eut à enregistrer
l'importante acquisition des 123,400 estampes de l'Abbé de Marolles, le noyau
du departement des Estampes actuel (6), et des 558 manuscrits orientaux de Gil-
bert Gaulmyn (7).

Il acheta en 1667 la collection de Fouquet relative à l'histoire d'Italie
qui venait de Trichet Dufresne, dont la Bibliothèque n'avait pu se procurer que quelques manuscrits en 1662. (8) Le 30 Décembre 1667 il rédigea
une instruction pour M. de Monceaux qui devait aller en Orient à la décou-

---

(1) Bibl. Nat. nouv. acq. fonds. fr. n° 1325. f° 248. — C'est l'original du manuscrit cité dans la note précédente. (Communication de M. H. Omont).

(2) Ms. latin 17172, f° 41.

(3) CATALOGUE ‖ DES ‖ LIVRES IMPRIMEZ ‖ DE LA ‖ BIBLIOTHEQUE ‖ DU ROY. ‖ *Theologie.* ‖ PREMIERE PARTIE. ‖ A PARIS, ‖ DE L'IMPRIMERIE ROYALE. ‖ M. DCCXXXIX. ‖ MEMOIRE HISTORIQUE ‖ SUR ‖ LA BIBLIOTHEQUE DU ROY. ‖ page XXX, lig. 31—34.

(4) Ms. fr. N. acq. 1327, f.° 439. — HISTOIRE GÉNÉRALE DE PARIS ‖ LE CABINET ‖ DES ‖ MANUSCRITS ‖ DE LA BIBLIOTHÈQUE IMPÉRIALE ‖ etc. ‖ PAR ‖ LÉOPOLD DELISLE ‖ etc. ‖ TOME I ‖ etc., page 266, lig. 24—27 et note (4).

(5) CATALOGUE ‖ DES ‖ LIVRES IMPRIMEZ ‖ DE LA ‖ BIBLIOTHEQUE ‖ DU ROY. ‖ *Theologie.* ‖ PREMIERE PARTIE ‖ etc. ‖ MÉMOIRE HISTORIQUE ‖ SUR ‖ LA BIBLIOTHÈQUE DU ROY. ‖ etc. ‖ page xxviij, lig. 33—42. — HISTOIRE GÉNÉRALE DE PARIS ‖ LE CABINET ‖ DES ‖ MANUSCRITS ‖ DE LA BIBLIOTHÈQUE IMPÉRIALE ‖ etc. ‖ PAR ‖ LÉOPOLD DELISLE ‖ etc. ‖ TOME I ‖ page 264, lig. 21—29 et note (7).

(6) « Conformément au désir de l'abbé de Ma-‖rolles, les recueils cédés par lui ont été soi-
» gneuse-‖ment conservés à la Bibliothèque comme ils méritaient ‖ de l'être. Après avoir été pen-
» dant longtemps comme le ‖ type-caractéristique et l'essence même du département ‖ des Estampes,
» ils en sont encore montrés comme le ‖ plus bel ornement » (LA ‖ BIBLIOTHÈQUE NATIONALE ‖ SON ORIGINE ET SES ACCROISSEMENTS ‖ JUSQU' A NOS JOURS ‖ NOTICE HISTORIQUE ‖ PAR ‖ T. MORTREUIL ‖ SECRÉTAIRE DE LA BIBLIOTHÈQUE NATIONALE ‖ PARIS ‖ CHAMPION, LIBRAIRE ‖ 15, QUAI MALAQUAIS, 15 ‖ 1878, page 37, lig. 12—18).

(7) CATALOGUE ‖ DES ‖ LIVRES IMPRIMEZ ‖ DE LA ‖ BIBLIOTHEQUE ‖ DU ROY. ‖ *Theologie.* ‖ PREMIÈRE PARTIE, ‖ etc. ‖ MÉMOIRE HISTORIQUE ‖ SUR ‖ LA BIBLIOTHÈQUE DU ROY ‖ page xxxij, lig. 3—22. — HISTOIRE GÉNÉRALE DE PARIS ‖ LE CABINET ‖ DES ‖ MANUSCRITS ‖ DE LA BIBLIOTHÈQUE IMPERIALE ‖ etc. ‖ PAR ‖ LÉOPOLD DELISLE ‖ etc. ‖ TOME I ‖ etc., page 270, lig. 10—20, notes (6). (7), (8). (9), (10).

(8) CATALOGUE ‖ DES ‖ LIVRES IMPRIMEZ ‖ DE LA ‖ BIBLIOTHÈQUE DU ROY. ‖ *Theologie.* ‖ PREMIÈRE PARTIE ‖ etc. ‖ MÉMOIRE HISTORIQUE ‖ SUR ‖ LA BIBLIOTHÈQUE DU ROY. ‖ page XXX, lig. 40—46. HISTOIRE GÉNÉRALE DE PARIS ‖ LE CABINET ‖ DES MANUSCRITS ‖ DE LA BIBLIOTHEQUE IMPÉRIALE, ‖ etc. ‖ PAR ‖ LÉOPOLD DELISLE, ‖ etc. TOME I ‖ etc., page 270, lig. 23—27, page 271, lig. 1—2, page 273, lig. 26—30, notes (11), (12).

verte de manuscrits orientaux (1). Ce mémoire a été publié pour la première fois par M. Leopold Delisle (2). Il eut à faire dresser les catalogues des livres imprimés, pris et échangés pour le roi dans la Bibliothèque Mazarine conformément aux arrêts du Conseil d'Etat du 12 Janvier 1668 (3) et du 25 Juin 1668 (4). Ces catalogues sont conservés à la Bibliothèque Mazarine en un seul volume sous le n.° 1940 C. (5) En 1669 il acheta au prix de 25000 livres une collection de 10000 volumes imprimés et d'environ 136 manuscrits du Médecin Jacques Mentel (6). Le Père Jean Michel Vansleb, chargé de rechercher en Turquie des manuscrits, reçut aussi les instructions de Carcavi; elles ont été publiées pour la première fois par l'abbé Pougeois (7). C'est Carcavi qui fut chargé de recommander le voyageur à l'intendant des galères à Marseille (8). Le manuscrit

---

(1) CATALOGUE ‖ DES ‖ LIVRES IMPRIMEZ ‖ DE LA ‖ BIBLIOTHÈQUE DU ROY. ‖ *Theologie.* ‖ PREMIÈRE PARTIE ‖ etc. ‖ MÉMOIRE HISTORIQUE ‖ SUR ‖ LA BIBLIOTHÈQUE DU ROY. ‖ page xxxij, lig. 23—29. — ESSAI HISTORIQUE ‖ SUR LA ‖ BIBLIOTHÈQUE DU ROI ‖ AUJOURD'HUI ‖ BIBLIOTHÈQUE IMPÉRIALE avec des Notices sur les dépôts qui la composent‖et le Catalogue de ses principaux fonds ‖ PAR LE PRINCE ‖ NOUVELLE ÉDITION, REVUE ET AUGMENTÉE ‖ DES ‖ ANNALES DE LA BIBLIOTHÈQUE ‖ Présentant à leur ordre chronologique tous les faits qui se rattachent ‖ à l'histoire de cet établissement, depuis son origine ‖ jusqu'à nos jours ‖ PAR LOUIS PARIS ‖ Directeur du *Cabinet historique.* ‖ PARIS ‖ AU BUREAU DU CABINET HISTORIQUE ‖ Rue d'Angoulême-Saint-Honoré, 27 ‖ ET CHEZ ‖ LE CONCIERGE DE LA BIBLIOTHÈQUE IMPÉRIALE ‖ Rue de Richelieu, 58. ‖ 1856, page 51, lig. 4—13. — HISTOIRE GÉNÉRALE DE PARIS ‖ LE CABINET ‖ DES ‖ MANUSCRITS ‖ DE LA BIBLIOTHÈQUE IMPÉRIALE ‖ etc. ‖ PAR ‖ LÉOPOLD DELISLE, ‖ etc. ‖ TOME I ‖ etc., page 275, lig. 24—30, col. 2.

(2) HISTOIRE GÉNÉRALE DE PARIS ‖ LE CABINET ‖ DES ‖ MANUSCRITS ‖ DE LA BIBLIOTHÈQUE IMPÉRIALE, ‖ etc. ‖ PAR ‖ LÉOPOLD DELISLE ‖ etc. ‖ TOME I ‖ etc., page 275, lig. 31—36, page 276, lig. 1—27.

(3) HISTOIRE GÉNÉRALE DE PARIS ‖ LE CABINET ‖ DES ‖ MANUSCRITS ‖ DE LA BIBLIOTHÈQUE IMPERIALE ‖ etc. ‖ PAR ‖ LÉOPOLD DELISLE ‖ etc. ‖ TOME I ‖ etc., page 281, lig. 15—40.

(4) HISTOIRE ‖ DE LA ‖ BIBLIOTHÈQUE ‖ MAZARINE ‖ DEPUIS SA FONDATION JUSQU'A NOS JOURS ‖ PAR ‖ ALFRED FRANKLIN ‖ ATTACHÉ A LA BIBLIOTHÈQUE MAZARINE ‖ A PARIS ‖ CHEZ AUGUSTE AUBRY ‖ L'UN DES LIBRAIRES DE LA SOCIÉTÉ DES BIBLIOPHILES FRANÇOIS ‖ RUE DAUPHINE, 16. ‖ M.D.CCC.LX, page 120, lig. 13—19. — HISTOIRE GÉNÉRALE DE PARIS ‖ LES ‖ ANCIENNES BIBLIOTHÈQUES ‖ DE PARIS ‖ EGLISES, MONASTÈRES, COLLEGES, ETC. ‖ PAR ‖ ALFRED FRANKLIN ‖ DE LA BIBLIOTHÈQUE MAZARINE ‖ TOME TROISIÈME. ‖ PARIS ‖ IMPRIMERIE NATIONALE ‖ MDCCCLXXIII, ‖ page 110, lig. 8—12.

(5) HISTOIRE ‖ DE ‖ LA ‖ BIBLIOTHÈQUE ‖ MAZARINE ‖ DEPUIS SA FONDATION JUSQU'A NOUS JOURS ‖ PAR ‖ ALFRED FRANKLIN ‖ etc., page 120, lig. 20—25, page 121, lig. 1—8. — HISTOIRE GÉNÉRALE DE PARIS ‖ LES ‖ ANCIENNES BIBLIOTHÈQUES ‖ DE PARIS ‖ ÉGLISES MONASTÈRES, COLLÉGES, ETC. ‖ PAR ‖ ALFRED FRANKLIN ‖ DE LA BIBLIOTHÈQUE MAZARINE ‖ TOME TROISIÈME ‖ etc., page 108, lig. 27, page 109, lig. 1—3, pag. 110, lig. 13—33, col. 1, lig. 4—6, col. 2.

(6) CATALOGUE ‖ DES ‖ LIVRES IMPRIMEZ ‖ DE LA ‖ BIBLIOTHÈQUE ‖ DU ROY. ‖ *Theologie.* ‖ PREMIÈRE ‖ PARTIE. ‖ etc. ‖ MÉMOIRE HISTORIQUE ‖ SUR ‖ LA BIBLIOTHÈQUE DU ROY ‖ page xxxiij, lig. 37—47, page xxxiv, lig. 1—3. — HISTOIRE GÉNÉRALE DE PARIS ‖ LE CABINETS ‖ DES ‖ MANUSCRITS ‖ DE LA BIBLIOTHÈQUE IMPERIALE ‖ etc. ‖ PAR ‖ LÉOPOLD DELISLE ‖ etc. ‖ TOME I, ‖ etc., page 286, lig. 4—13, notes (1), (2), (3).

(7) VANSLEB ‖ SAVANT ORIENTALISTE ET VOYAGEUR ‖ SA VIE ‖ SA DISGRACE, SES OEUVRES ‖ PAR ‖ M. L'ABBÉ A. POUGEOIS ‖ Curé de Bourron ‖ Ouvrage dédié à S. G. Mgr. l'Archevêque d'Alger ‖ PARIS ‖ *Librairie Académique* ‖ DIDIER & C.e LIBRAIRES-ÉDITEURS ‖ 35, QUAI DES GRANDS-AUGUSTINS ‖ ET J. POUGEOIS, LIBRAIRE-ÉDITEUR, 3, RUE MADAME ‖ 1869. ‖ Tous droits réservés. ‖ page 20, lig. 27—29, pages 21—26, page 27, lig. 1—29. L'abbé Pougeois après les avoir rapportées dit (VANSLEB ‖ SAVANT ORIENTALISTE ET VOYAGEUR ‖ SA VIE ‖ etc., page 27, lig. 30, pag. 28, lig. 1—2):

« Telles furent les instructions données à Vansleb et
» dont une copie, écrite de la main de Carcavy (1), nous
» a été conservée. »

(8) Ce fait est démontré par la lettre suivante adressée à M. Arnoul intendant des galères à Marseille (LETTRES ‖ INSTRUCTIONS ET MÉMOIRES ‖ DE ‖ COLBERT ‖ etc. ‖ PUBLIÉS ‖ etc. ‖ PAR PIERRE CLÉMENT ‖ etc. ‖ TOME V ‖ etc., page 307, lig. 18—20, page 308, lig. 1—9):

« Paris, 1er avril 1671.
» Le Roy envoyant le sieur Vanslèbe en Levant, et particulièrement en
» Éthiopie, pour y chercher des livres rares et autres curiosités qui peuvent
» servir à embellir la bibliothèque de Sa Majesté, j'ay donné ordre à
» M. Carcavi de vous écrire afin que vous fournissiez tout ce qui luy sera
» nécessaire pour faire ce voyage, en luy faisant toucher de l'argent à Mar-

latin 18610 (1) présente des remarques sur les manuscrits grecs, écrites de la
main de J. B. Cotelier employé à la Bibliothèque. M. Leopold Delisle, qui
les a publiées le premier (2), estime qu'elles ont été rédigées vers 1667 ou peut
être vers 1673 (3). Pierre Clément, après avoir mentionné cette opinion de M.
Delisle, se demande (4) :

> « N'auraient-elles pas été remises à
> » M. de Monceaux avec l'instruction qui précède? »

Elles me paraissent de 1673 et destinées à Vansleb. Carcavi n' y fait-il pas
allusion dans sa lettre à Vansleb du 25 Mars 1673, lorsqu'il dit (5) :

> « mais il faut, s'il
> » se peut, que vous y mêliez des mss. grecs tels que je les ai
> » marqués dans votre mémoire. »

Puis dans une liste autographe signée « Carcavi » des papiers concernant le voyage de Vansleb je trouve cité un « mémoire pour la connais-
» sance et le choix des manuscrits grecs » (6). Une autre lettre de Carcavi
à Vansleb et les réponses du voyageur ont été publiées par l'abbé Pougeois (7).
Paul Lucas, Jean Francois Lacroix dont le ms. latin 17172 (feuillet 260) renferme
deux lettres à Carcavy, Nointel reçurent également des missions en Orient.
Verjus ramassa 240 volumes en Portugal. Il y a une lettre de lui dans le ms.
latin 17172 (feuillet 151) a Carcavi. Tous reçurent certainement l'appui de ses
recommandations et de ses lumières.

Les années 1666 et 1667 marquent un accroissement considérable dans la
fortune de Carcavi.

C'est à cette époque qu'il faut rapporter la date de son portrait peint par
Tételin, gravé par Edelinck. Je connais deux exemplaires de ce remarquable
travail; l'un au Cabinet des Estampes, l'autre à la Bibliothèque de la Ville de
Lyon. Carcavi semble bien avoir atteint la soixantaine : nez fort, yeux un
peu à fleur de tête, menton large, lèvres fines; l'embonpoint l'a gagné. On
» lit autour de la figure: « Pierre de Carcavy Regi a Consiliis, Regiae Bi-
» bliothecae Praefectus. »

> » seille et en luy procurant des lettres de crédit et de recommandation des
> » principaux marchands de cette ville qui trafiqnent en Levant.
> » Comme ledit sieur Carcavi est bien informé de mes intentions sur le
> » sujet du voyage dudit sieur Vanslèbe, je vous prie de donner une entière
> » créance et d'exécuter punctuellement ce qui est contenu dans la lettre
> » qu'il vous en écrit de ma part. »

(1) M. Léopold Delisle indique ce manuscrit ainsi (INVENTAIRE ‖ DES ‖ MANUSCRITS LATINS ‖ DE‖
NOTRE-DAME ET D'AUTRES FONDS ‖ CONSERVÉS A LA BIBLIOTHÈQUE NATIONALE SOUS LES ‖ NUMÉROS
16719-18613 ‖ PAR ‖ LÉOPOLD DELISLE. ‖ MEMBRE DE L'INSTITUT. ‖ PARIS , ‖ AUGUSTE DURAND ET PE-
DONE-LAURIEL ‖ 9, RUE CUJAS, 9 ‖ 1871. ‖ page 105, lig, 23) :

« 18610. Documents sur diverses bibliothèques. XVI—XIX S. »

(2) HISTOIRE GÉNÉRALE DE PARIS ‖ LE CABINET ‖ DES ‖ MANUSCRITS ‖ DE LA BIBLIOTHÈQUE IM-
PÉRIALE ‖ etc.‖PAR ‖ LÉOPOLD DELISLE,‖etc.‖TOME I,‖etc., page 276, lig. 31—39, page 277, lig. 1—8.

(3) HISTOIRE GÉNÉRALE DE PARIS ‖ LE CABINET ‖ DES ‖ MANUSCRITS ‖ DE LA BIBLIOTHÈQUE IM-
PÉRIALE,‖etc. PAR ‖ LÉOPOLD DELISLE, ‖ etc.‖TOME I‖etc., page 276, lig. 28—30.

(4) LETTRES ‖ INSTRUCTIONS ET MÉMOIRES ‖ DE ‖ COLBERT ‖ PUBLIÉS ‖ PAR PIERRE CLÉMENT ‖
MEMBRE DE L'INSTITUT ‖ TOME VII ‖ etc., page 461, col. 2, lig. 2—3.

(5) VANSLEB ‖ SAVANT ORIENTALISTE ET VOYAGEUR ‖ SA VIE ‖ SA DISGRACE, SES OEUVRES. ‖ PAR
M. L'ABBÉ A. POUGEOIS ‖ etc., page 443, lig. 29—31.

(6) Manuscrit de la Bibliothèque Nationale de Paris coté Fonds Latin, n°. 17172, page 173, lig. 6.

(7) VANSLEB ‖ SAVANT ORIENTALISTE ET VOYAGEUR ‖ SA VIE ‖ SA DISGRACE, SES OEUVRES ‖ PAR
M. L'ABBÉ A. POUGEOIS ‖ etc., page 444, lig. 15—31, pages 445—455.

De 1664 à 1666 (1) il avait reçu une pension annuelle de 1500 livres ; de 1667 à 1680 cette pension s'élève à 2000 (2). De plus il reçoit de 1667 à 1680, soit pour achat, soit pour remboursement un total de 89862 livres, 11 sols, 6 deniers dont voici le détail:

« Au sr Carcavy, la somme de 2000 pour estre employée
» en achapt de livres et de médailles pour la bibliothécque du
» Roy   2000 ʈ » (3)

« 17. mars : de luy, pour délivrer au sr Carcavy, pour
» le paiement de 2978 volumes de livres qu'il a vendus
» au Roy pour mettre dans sa bibliothécque . . . . 15532 ʈ » (4)

« 25. avril : au sr Carcavy, pour son payement de 2978 vo-
» lumes de livres qu'il a vendus à Sa Majesté pour mettre
» dans sa biblioteque (sic) . . . . 15340 ʈ 10.ˢ » (5)

« De Luy, pour d'icelle paier au sr Huet 1200 ʈ pour
» son remboursement de pareille somme qu'il a payée pour
» des médalles pour le cabinet des raretés du Roy ; au sr de
» Carcavy, 418 ʈ pour son remboursement d'une lettre de
» change du S.r Vaillain, médecin, pour des livres ; 7000 ʈ » (6)

« 31. octobre : au sr Carcavy, pour remboursement d'une
» lettre de change tirée sur luy par le sr Vaillant, médecin,
» pour le payement des livres qu'il a achetez à Rome pour
» mettre dans la biblioteque de S. M. . . . . . 418. ʈ » (7)

« 10 avril—22 octobre : au sr de Carcavi, a compte des
» menus despences tant de la bibliotecque que de l'Aca-
» démie des Sciences (3 p.) . . . . 10000. ʈ » (8)

« 11 juillet : à Le Blon, marchand de Francfort, pour
» des livres qu'il a fourny au sr Carcavy, pour estre mis dans
» la bibliotecque du Roy . . . . 3645 ʈ 19.ˢ » (9)

---

(1) « Au sr Carcavy bien versé dans les mathématiques...‖.....................1500 ʈ » (Comptes des ‖ Bâtiments du Roi ‖ sous le règne de Louis XIV, ‖ Publiés ‖ par M. Jules Guiffrey, ‖ Archiviste aux Archives Nationales. ‖ Tome premier. ‖ Colbert. ‖ 1664—1680. ‖ Paris ‖ Imprimerie Nationale ‖ M DCCC LXXXI, ‖ col. 57, lig. 12—13, Pensions et Gratiffications‖accordées aux gens de lettres). — « Au sr Carcavy, idem..................1500 ʈ » (Comptes‖des‖Bâtimens du Roi‖sous le règne de Louis XIV.‖Publiés ‖ par M. Jules Guiffrey,‖etc. ‖ Tome premier ‖ etc., col. 114, lig. 28, Pensions et Gratiffications ‖ accordées aux ‖ gens de lettres). — « Au sr » Carcavy, idem..................1500 » (Comptes ‖ des ‖ Bâtimens du Roi ‖ sous le règne de Louis XIV, ‖ Publiés ‖ par ‖ M. Jules Guiffrey, ‖ etc. ‖ Tome premier ‖ etc., col. 162, lig. 7, Pensions et Gratiffications ‖ accordées aux gens de lettres).

(2) Comptes ‖ des ‖ Bâtiments du Roi ‖ sous le règne de Louis XIV, ‖ Publiés ‖ par M. Jules Guiffrey ‖ etc. ‖ Tome premier. ‖ etc., col. 228, lig. 5, col. 300, lig. 12—13, col. 378, lig. 30—31, col. 449, lig. 13—14, col. 564, lig. 44—45, col. 649, lig. 12, col. 714, lig. 12—13, col. 782, lig. 38—39, col. 856, lig. 17—18, col. 926, lig. 9—10, col. 992, lig. 39—40, col. 1086, lig. 19—20, col. 1204, lig. 35—36, col. 1345, lig. 6—7.

(3) Comptes ‖ des ‖ Bâtiments du Roi ‖ sous le règne de Louis XIV, ‖ Publiés ‖ par M. Jules Guiffrey ‖ etc. ‖ Tome premier. ‖ etc., col. 218, lig. 47—49.

(4) Comptes ‖ des ‖ Bâtiments du Roi ‖ sous le règne de Louis XIV. ‖ Publiés ‖ par M. Jules Guiffrey ‖ etc. ‖ Tome premier. ‖ etc. ‖ col. 233, lig. 23—25.

(5) Comptes ‖ des ‖ Bâtiments du Roi ‖ sous le règne de Louis XIV, ‖ Publiés ‖ par M. Jules Guiffrey‖etc.‖Tome premier. ‖ etc. ‖ col. 276, lig. 43—45.

(6) Comptes ‖ des ‖ Bâtiments du Roi ‖ sous le règne de Louis XIV, ‖ Publiés ‖ par M. Jules Guiffrey ‖ etc. ‖ Tome premier. ‖ etc. ‖ col. 314, lig. 8—12.

(7) Comptes ‖ des ‖ Bâtiments du Roi ‖ sous le règne de Louis XIV, ‖ Publiés ‖ par M. Jules Guiffrey ‖ etc. ‖ Tome premier. ‖ etc. ‖ col. 367, lig. 7—19.

(8) Comptes ‖ des ‖ Bâtiments du Roi ‖ sous le règne de Louis XIV, ‖ Publiés ‖ par M. Jules Guiffrey ‖ etc. ‖ Tome premier. ‖ etc. ‖ col. 383, lig. 47, col. 384, lig. 1—2.

(9) Comptes ‖ des ‖ Bâtiments du Roi ‖ sous le règne de Louis XIV, ‖ Publiés ‖ par M. Jules Guiffrey ‖ etc. ‖ Tome premier. ‖ etc. ‖ col. 448, lig. 29—31.

« 20 avril 1670: au sr CARCAVY, à compte des dépences
» qu'il a faites à la bibliotecque du Roy..........7000 ₶ » (1)
« 6 avril 1672: au sr CARCAVY, pour parfait payement
» de 6252 ₶ 3.s pour diverses dépenses et plusieurs agattes
» et pierres gravées qu'il a achetées. . 2781 ₶ 13.s » (2)
« De luy, 1330 ₶ 5s 4d pour delivrer 1319 ₶ 5s 6d au
» sr CARCAVI pour son parfait payement de 4319 ₶ 5s 6d à
» quoy monte la dépense qu'il a faite tant pour l'Académie
» des Sciences que pour la bibliotéq. du Roy. et ce pen-
» dant lad. année 1673, et 10 ₶ 19s 10d pour les taxations
» du trésorier . . . . 1330 ₶ 5s 4d. » (3)
« 28 janvier. au sr CARCAVY, pour dépense de la Biblio-
» tèque. 3000 ₶ » (4)
6 febvrier 1674: aud. sr CARCAVY, pour parfait paye-
» ment de 4319 ₶ 5s 6d pour dépenses de l'Académie des
» Sciences et de la Bibliotèque (sic) pendant l'année dernière
» 1673...................1319 ₶ 5s 6d » (5)
« De luy, 3025 ₶ pour délivrer 3000 ₶ au sr CARCAVY pour
» employer aux menues depenses de la bibliotèque (sic) du Roy
» et Accadémie des Sciences pendant la présente année. et
» 25 ₶ pour les taxations . . . . 3025 ₶ » (6)
« 15 mars 1675—28 janvier 1676: au sr CARCAVI, pour
» parfait payement de 4814 ₶ 6s 6d à quoy montent les
» dépenses de la bibliotèque du Roy et de l'Académie des
» Sciences pendant l'année 1675 (2 p.)..... 4814 ₶ 5s 6d. » (7)
« 20 novembre: au sr CARCAVY, pour diverses dépenses
» qu'il a faites . . . . 5232 ₶ » (8)
« 7 febvrier 1678: au sr CARCAVI, pour son rembour-
» sement des dépenses faites tant pour l'Accademie des
» Sciences que pour la bibliotèque du Roy pendant l'année
» dernière 1677 . . . . 3593 ₶ 7s » (9)
« 10 décembre: au sr CARCAVI pour son remboursement
» des dépenses de l'Academie des Sciences et bibliotèque du
» Roy pendant 1680. . . . . 4326 ₶ 15 » (10)
» Total..... 89862 livres 11 sols 10 deniers. »

Gaston d'Orléans avait rassemblé dans son palais de Luxembourg et à Blois
une remarquable collection de livres, manuscrits, médailles, pierres gravées
qu'en mourant il légua à Louis XIV. Les legs fut accepté par lettres pa-
tentes de Novembre 1661; le Parlement enregistra les lettres le 5 juin 1663 et
la Collection fut transportée au Louvre qui renfermait différentes raretés en
médailles, manuscrits, monuments, entre autres le tombeau de Childéric décou-
vert à Tournay en 1651 et donné au roi par l'Electeur de Mayence. Gaston avait
pour Bibliothécaire un Sieur Bruno, dont M. Chabouillet a le premier rétabli

---

(1) COMPTES ‖ DES ‖ BÂTIMENTS DU ROI ‖ SOUS LE RÈGNE DE LOUIS XIV, ‖ PUBLIÉS‖PAR M. JULES GUIFFREY‖etc. ‖ TOME PREMIER. ‖ etc. ‖ col. 448, lig. 36—37.
(2) COMPTES ‖ DES ‖ BÂTIMENTS DU ROI ‖ SOUS LE RÈGNE DE LOUIS XIV, ‖ PUBLIÉS‖PAR M. JULES GUIFFREY ‖ etc. ‖ TOME PREMIER. ‖ etc. ‖ col. 503, lig. 29—31.
(3) COMPTES ‖ DES ‖ BÂTIMENTS DU ROI ‖ SOUS LE RÈGNE DE LOUIS XIV, ‖ PUBLIÉS ‖ PAR M. JULES GUIFFREY ‖ etc. ‖ TOME PREMIER. ‖ etc. ‖ col. 683, lig. 3—9.
(4) COMPTES ‖ DES ‖ BÂTIMENTS DU ROI ‖ SOUS LE RÈGNE DE LOUIS XIV. ‖ PUBLIÉS ‖ PAR M. JULES GUIFFREY ‖ etc. ‖ TOME PREMIER. ‖ etc. ‖ col. 712, lig. 37—38.
(5) COMPTES ‖ DES ‖ BÂTIMENTS DU ROI ‖ SOUS LE RÈGNE DE LOUIS XIV. ‖ PUBLIÉS ‖ PAR M. JULES GUIFFREY ‖ etc. ‖ TOME PREMIER. ‖ etc. ‖ col. 713, lig. 11—14.
(6) COMPTES ‖ DES ‖ BÂTIMENTS DU ROI ‖ SOUS LE REGNE DE LOUIS XIV, ‖ PUBLIÉS ‖ PAR M. JULES GUIFFREY ‖ etc. ‖ TOME PREMIER. ‖ etc. ‖ col. 740, lig. 25—28.
(7) COMPTES ‖ DES ‖ BÂTIMENTS DU ROI ‖ SOUS LE RÈGNE DE LOUIS XIV. ‖ PUBLIÉS ‖ PAR M. JULES GUIFFREY ‖ etc. ‖ TOME PREMIER. ‖ etc. ‖ col. 853, lig. 24—27.
(8) COMPTES ‖ DES ‖ BÂTIMENTS DU ROI ‖ SOUS LE RÈGNE DE LOUIS XIV ‖ PUBLIÉS ‖ PAL M. JULES GUIFFREY ‖ etc. ‖ TOME PREMIER. ‖ etc. ‖ col. 924, lig. 43—44.
(9) COMPTES ‖ DES ‖ BÂTIMENTS DU ROI ‖ SOUS LE RÈGNE DE LOUIS XIV, ‖ PUBLIÉS ‖ PAR M. JULES GUIFFREY ‖ etc. ‖ TOME PREMIER. ‖ etc. ‖ col. 990, lig. 22--25.
(10) COMPTES ‖ DES ‖ BÂTIMENTS DU ROI‖SOUS LE RÈGNE DE LOUIS XIV, ‖ PUBLIÉS ‖ PAR M. JULES GUIFFREY ‖ etc. ‖ TOME PREMIER. ‖ etc. ‖ col. 1343, lig. 10—12.

l'état civil (1). Il se nommait en réalité Benigne Breunot, était né (très probable-
ment le 19 octobre 1591 (2)) à Dijon de Gabriel Breunot conseiller au Parlement de
Bourgogne, et de demoiselle Marguerite Robert (3), était devenu en 1627 maître
d'hôtel (4), en 1641, garde des raretés du duc d'Orléans (5), le 15 août 1651, abbé de
S.ᵗ Cyprien de Poitiers (6). Le roi le conserva dans sa situation: en 1664 il devient officiellement garde du Cabinet des antiques avec les gages de 1200 livres qu'il
avait auprès du duc (7). Mais il ne jouit pas longtemps de l'honneur: il
était assassiné entre le 14 et le 21 Novembre 1666 par un voleur (8). Cette affaire n'a jamais été bien claire. Robinet, un des continuateur de Loret, dit que
le voleur fut tué par la sentinelle d'un coup de mousqueton (9). M. Chabouillet se demande avec quelque vraisemblance si ce coup d'escopette n'est
pas une fiction imaginée pour cacher un nom assez considerable et éviter le
scandale (10). Le memoire suivant de Carcavi que nous publions pour la première fois d'après l'autographe (ms. latin 17172, fo. 48-49) élimine cette hypo-
thèse. Le criminel était un simple tapissier. Nous y voyons que c'est Carcavi
qui eut l'idée de transférer le cabinet des Médailles rue Vivienne.

---

(1) II ‖ SIEUR BRUNO. (NOUVELLES ARCHIVES ‖ DE ‖ L'ART FRANÇAIS ‖ RECUEIL DE DOCUMENTS
INÉDITS ‖ PUBLIÉS PAR LA ‖ SOCIÉTÉ DE L'HISTOIRE DE L'ART FRANÇAIS ‖ ANNÉE 1873‖PARIS‖J. BAUR,
LIBRAIRE DE LA SOCIÉTÉ ‖ 11. RUE DES SAINT-PÈRES‖1873‖etc.‖pages 282—312, page 313, lig. 1—12.

(2) NOUVELLES ARCHIVES ‖ DE ‖ L'ART FRANÇAIS ‖ etc. ‖ ANNÉE 1873 ‖ etc., page 292, lig. 26—30.
— Il avait été baptisé le 20 octobre 1591 à Saint-Michel de Dijon (ANALECTA DIVIONENSIA ‖ DOCU-
MENTS ‖ INÉDITS POUR SERVIR ‖ A L'HISTOIRE DE FRANCE ‖ ET PARTICULIEREMENT A CELLE ‖ DE BOUR-
GOGNE ‖ TIRÉS DES ARCHIVES ET DE LA BIBLIOTHÈQUE DE DIJON‖DIJON‖J.-E. RABUTOT, IMPRIMEUR-
ÉDITEUR. ‖ MDCCCLXIV ‖ 1866 ‖ JOURNAL ‖ DE ‖ GABRIEL BREUNOT ‖ CONSEILLER AU PARLEMENT DE
DIJON ‖ PRÉCÉDÉ DU ‖ LIVRE DE SOUVENANCE DE PEPIN ‖ CHANOINE DE LA SAINTE-CHAPELLE DE CET-
TE VILLE ‖ PUBLIÉ POUR LA PREMIÈRE FOIS PAR ‖ JOSEPH GARNIER ‖ Conservateur des Archives du
département de la Côte d'or ‖ et de l'ancienne province de Bourgogne, ‖ Membre de l'Académie des
Sciences, Arts et Belles-Lettres de Dijon. ‖ TOME TROISIÈME ‖ page 44, lig. 31—35. — NOUVELLES
ARCHIVES ‖ DE ‖ L'ART FRANÇAIS ‖ etc. ‖ ANNÉE 1873 ‖ etc. page 292, lig. 21—24).

(3) ANALECTA DIVIONENSIA‖etc.‖JOURNAL ‖ DE ‖ GABRIEL BREUNOT ‖ etc. ‖ TOME TROISIÈME‖etc.‖
page 43. — NOUVELLES ARCHIVES ‖ DE ‖ L'ART FRANÇAIS ‖ etc. ‖ ANNÉE 1873 ‖ etc., page 291, lig.
25—27, page 292, lig. 1—17.

(4) NOUVELLES ARCHIVES ‖ DE ‖ L'ART FRANÇAIS ‖ etc. ‖ ANNÉE 1873 ‖ etc., page 286, lig. 12—39,
page 289, lig. 12—21.

(5) NOUVELLES ARCHIVES ‖ DE ‖ L'ART FRANÇAIS ‖ etc. ‖ ANNÉE 1873 ‖ etc., page 283, lig. 27—36.

(6) NOUVELLES ARCHIVES ‖ DE ‖ L'ART FRANÇAIS ‖ etc. ‖ ANNÉE 1873 ‖ etc., page 285, lig. 20—29,
page 300, lig. 26—28, page 304, lig. 6—9. — Dans un catalogue des abbés de Saint Cyprien de
Poitiers, publié en 1720 (GALLIA ‖ CHRISTIANA, ‖ IN PROVINCIAS ECCLESIASTICAS ‖ DISTRIBUTA; ‖ QUA
SERIES ET HISTORIA ‖ ARCHIEPISCOPORUM, ‖ EPISCOPORUM ‖ ET ABBATUM ‖ FRANCIÆ VICINARUMQUE
DITIONUM ‖ ab origine Ecclesiarum ad nostra tempora deducitur, & probatur ‖ ex authenticis Instru-
mentis ad calcem appositis.‖Opera & studio Domni DIONYSII SAMMARTHANI, Presbyteri‖& Mo-
nachi Ordinis Sancti Ben-dicti, e Congregatione Sancti Mauri.‖TOMUS SECUNDUS. ‖ PARISIIS. ‖ EX
TYPOGRAPHIA REGIA. ‖ M.DCCXX. col. 1230, lig. 45—63, col. 1231—1236. col. 1237, lig. 1—58) on
lit (GALLIA ‖ CHRISTIANA, ‖ etc. ‖ Opera & studio Domni DIONYSII SAMMARTHANI, ‖ etc. ‖ TOMUS
SECUNDUS. ‖ etc., col. 1237, lig. 48—51):

« LVII. Benignus Bruneau bibliothecae ducis Au- » tinuit a die 15. Aug. 1651. ad an. 1666, quo
» relianensis ac deinde regiae praefectus, abbatiam ob- » vivere desiit mense Julio. »

(7) NOUVELLES ARCHIVES ‖ DE ‖ L'ART FRANÇAIS ‖ RECUEIL DE DOCUMENTS INÉDITS ‖ PUBLIÉS PAR
LA‖SOCIÉTÉ DE L'HISTOIRE DE L'ART FRANÇAIS ‖ ANNÉE 1872 ‖ PARIS. ‖ J. BAUR, LIBRAIRE DE LA
SOCIÉTÉ ‖ 11, RUE DES SAINT-PÈRES ‖ 1872, page 80, lig. 4—5.

(8) NOUVELLES ARCHIVES ‖ DE ‖ L'ART FRANÇAIS,‖etc.‖ANNÉE 1873,‖etc., page 309, lig. 1—5.

(9) « Et, pour dire l'Histoire en somme,‖Y trouvant, seul, un honeste Homme,‖Qui s'appeloit
» l'Abbé Bruneau,‖ De Bayonnète, ou de Couteau ‖ Le massacra dans sa Demeure, ‖ Il en fut payé
» dessus l'heure ‖ Par certain coup de Mousqueton. ‖ Qui le fit tomber mort, dit-on, ‖ Du faiste de
» cet Edifice » (LES CONTINUATEURS DE LORET‖LETTRES EN VERS ‖ DE ‖ LA GRAVETTE DE MAYOLAS.‖
ROBINET, BOURSAULT,‖PERDOU DE SUBLIGNY, LAURENT ET AUTRES ‖ (1665—1689) ‖ RECUEILLIES ET
PUBLIÉES ‖ PAR LE BARON JAMES DE ROTHSCHILD. ‖ TOME SECOND. ‖ (Juillet 1666. — Décembre 1667)‖
PARIS ‖ DAMASCÈNE MORGAND, LIBRAIRE, ‖ PASSAGE DES PANORAMAS, 55.‖1882.‖page 491, lig. 23—31.
Du 21 Novembre 1666 vers 173—182. — NOUVELLES ARCHIVES ‖ DE ‖ L'ART FRANÇAIS ‖ etc. ‖ ANNÉE
1873 ‖ etc., page 309, lig. 22—30).

(10) NOUVELLES ARCHIVES ‖ DE ‖ L'ART FRANÇAIS ‖ etc. ‖ ANNÉE 1873, etc., page 310, lig. 29—34,
page 311, lig. 1—20.

CARCAVY A COLBERT (1)

Le 17.ᵉ Novembre 1666.

J'avois escrit dez hyer à Monseigneur ce qui s'est passé en conséquence des premiers ordres qu'a receu M.ʳ le Chan.ᵉʳ, concernant *l'assassin* (sic) *commis en la personne de feu M.ʳ L'Abbe Bruno*, mais M.ʳ le lieuten.ᵗ Criminel estant arrivé auiourd'huy sur les cinq heures, avec un nouvel ordre, et M.ʳ le Chan.ᵉʳ m'ayant mandé pour luy rendre conte de ce que J'avois fait avec M.ʳ de Perceval, J'ay attandu que la procédure ayt esté achevée, du moins en ce qui regarde le cabinet des médailles, pour luy en marquer toutes les circonstances.

Hyer au matin, M.ʳ *de Perceval*, qui revint exprez de sa maison des chams, eust *commandem.ᵗ de M.ʳ le Chan.ᵉʳ* d'aller au Louvre faire toute la procédure, il y travailla en ma présence avec beaucoup de soing et d'exactitude depuis huit heures du matin jusques à quatr' heures de relevée, et pendant ce tems dressa le procez verbal de *l'estat de la Gallerie, ou cabinet, où sont les médailles*, ouyt des témoins, *fist visiter le corps de M.ʳ Bruno par des chirurgiens, le fist porter dans une petite maison qu'il occupoit pendant sa vie dans la Rue Fromenteau*, fist laver la place de la gallerie qui estoit plaine de sang, et *ayant oppose le scellé aux portes m'en remit les clefs entre les mains*, aprez quoy ie me retiray, n'estant plus nécessaire au reste de la procédure, qui fust continuée avec la mesme dilligence, car *à six heures du soir M.ʳ Bruno estoit desia enterré, le cors du volleur avoit esté porté au fort l'Evesque*, on luy avoit crée un curateur et l'on avoit ouy d'autres tesmoins, mais M.ʳ le Lieuten.ᵗ Criminel en arresta le cours, et ayant porté pour cela un nouvel ordre de M.ʳ le Chan.ᵉʳ M.ʳ Perceval y obéist comm'il devoit, quoy qu'il m'ayt fait voir ce matin un ordre *du Roy de* 1649, en la cause de Du Moustier, qui décéda dans les galeries du Louvre, et un arrest contradictoire du Col.ᵉˡ de l'année 1650, en la cause de M.ʳ Voüet, par le quel *la Justice de l'enclos du Louvre est adiugée au Grand Prevost et à ses lieutenants, dont il y en a touiours un qui demeure à Paris avec deffences à Mss.ʳˢ du Castelet d'en prendre aucune connaissance.* Il n'a point voulu parler de ses arrets, et a donné les mains à tout ce qu'a voulu M.ʳ le lieutenant Criminel, lequel de son costé en a aussy fort bien usé, et a continué sa procédure sur les derniers errements dud.ᵗ S.ʳ de Perceval, parce qu'il avoit bien travaillé, et en conséquence non seulement de sa jurisdiction, mais aussy dud.ᵗ ordre de M.ʳ le Chan.ᵉʳ Il a *visité* derechef *la gallerie*, a osté le premier scellé et y a appliqué le sien, et a fait un nouveau *procez verbal de la remise des clefs entre mes mains.* Il continue présentement à ouyr d'autres tesmoins et à s'informer de la personne *du désespéré qui a commis un crime si enorme*, tout ce que j'en ay ouy dire me fait croire que c'est *un furieux qui ne cherchoit qu'à voler et tuer quelqu'un. Il estoit tapissier*, et ayant peut estre travaillé dans le Louvre sous quelque maistre, cela a pu luy en ap-

---

(1) Les mots en italiques marquent les passages soulignés par Colbert.

prendre particulièrement les estres; *l'on ne voit pas qu'il ay rien pris dans le cabinet* et il ne s'est trouvé saisy d'aucune chose, mais il m'a semblé qu'il estoit mieux de faire apposer le scellé pour travailler en aprez à l'inventaire avec plus de loisir et de seureté, sur le suiet duquel, et de ce que *Mr Perrault a eu charge de me dire de la part de Monseigneur que le Roy avoit joint ce cabinet à la charge de Mg.^r de Lusson.* Il me permetra s'il luy plaist de luy représenter *qu'il n'est point du tout bien au lieu où il est,* tant à cause (1) de la facilité qu'il y a d'y entrer par le moyen de la corniche, que parce que *les médailles ayant une connexion par.^{re} avec les livres n'en doivent point estre séparées, et il y a bien des raisons qui m'ont fait iuger il y a longtems que cett'union estoit nécessaire. Il plaira à Monseigneur m'envoyer les ordres pour le faire transporter au plustost dans la nouvelle Bibliothèque,* et me commettre avec M.^r le Cointhe pour vériffier l'jnventaire qui a esté fait et achever celuy qui reste à faire (2), n'y ayant eu que l'antique d'jnventorié à cause de la maladie de Mr Bruno, qui l'a empesché de faire un Inventaire du moderne que j'y ay porté. Je propose cet expédient à Monseigneur, comme le plus prompt pour avoir bien tost finy ce travail, M.^r le Fouyn, à qui i'en ay parlé, m'ayant dit qu'on en a usé de mesme pour les meubles de feu son Eminence.

L'on a adiugé auiourd'huy pour 3322^{tt} et quelques petits frais de Justice les livres de mylor Hapton, dont ie parlay à Monseigneur il y a quelques iours, l'enchere n'a esté que de cinq sols par dessus celle des libraires (3); les livres sont bons et bien conditionnez; le substitut de M.^r le procureur du Roy, qui estoit commis à recevoir les enchères, et qui a pris soin de ce petit affaire, a fait faire l'adiudication sous son nom, *Monsieur me mandera s'il luy plaist sous le nom duquel il veut que ie fasse faire la quitance* (4). Cependant i'yray dez demain porter l'argent qui doit estre distribué à plusieurs créanciers opposants, et l'emprunteray d'un de mes amis parce que la chose est pressée. Il plaira à Monseigneur m'envoyer un ordre pour se faire payer.

De Carcavy.

---

(1) Dans la marge, en face de cette ligne et deux précédentes, on lit ces mots de l'écriture de Colbert: « le Roy n'a point voulu jusques à présent que ses livres et médailles sortissent du Lou- » vre. Je luy en parlerai encore ».

(2) « en quelque lieu que ce soi, il faut travailler incessament à achever l'Inventaire ». (note marginale de Colbert).

(3) « bon. J'envoye l'ordre à Mr Dubois de faire donner ces 3321^{tt} ». (Note marginale de Colbert).

(4) « Si tous les livres qui se trouveront son nécessaire au Roy, et qui ne seront pas dans la » Bibliothèque royalle, je feray rembourser cette somme par le Roy. S'il y en a quelques uns qui » ne sont pas nécessaires au roy je les prendray. » (Note marginale de Colbert.)

Aussitôt après le meurtre de Bruno les clefs avaient été remises à Carcavi en exécution d'une lettre du Ministre au chancelier Séguier datée du 15 Novembre 1666 (1). Carcavi remit toutes choses en bon ordre et vérifia les inventaires. Colbert obtint gain de Cause: le Cabinet alla rejoindre la Bibliothèque. Vingt trois manuscrits provenant du vieux Louvre et qui faisaient partie autrefois de la librairie du Cardinal de Bourbon furent transportés à la Bibliothèque (2). Quelques livres cependant restèrent au Louvre; ils eurent un garde particulier; le brevet de cette place avait été acheté par Louis Irland de Lavau, de l'Académie française, qui en jouit de 1672 à 1694 (3). Le Cabinet fut confié à la direction de Carcavi, toujours non officiellement (son nom ne figure pas dans une liste des Gardes du Cabinet publiée par M. Chabouillet (4)) mais effectivement. Carcavi ne remplit pas avec moins de zèle ses nouvelles fonctions. Sur son administration le Père Claude du Molinet, chanoine régulier et directeur de la bibliothèque de Sainte Généviève, dans un travail publié en 1719 (5), donne ces renseignements importants (6) :

---

(1) « Le Roy m'ordonne de dire à M.r le Chancelier que, outre le soin qu' il ‖ a desjà pris sur » l'accident arrivé au Louvre, Sa Majesté estime nécessaire ‖ de faire commencer une procédure cri- » minelle par les officiers de la pré-‖vosté de l'hostel, et aussy, lorsqu'elle sera commencée, Sadite » Majesté m'a ‖ ordonné de commettre M. Carcavi pour se charger des clefs de la biblio-‖thèque et » des médailles du Louvre, pour remettre toutes choses en bon ‖ estat et vérifier les inventaires. » Mondit seigneur aura, s'il luy plaist, agréable ‖ d'ordonner au lieutenant du grand prévost qui » sera près de sa personne ‖ de remettre les clefs ès mains dudit sieur Carcavi, aussytost qus la » procé-‖dure criminelle sera commencée. » (LETTRES ‖ INSTRUCTIONS ET MÉMOIRES ‖ DE‖COLBERT‖PU- BLIÉES, etc. PAR PIERRE CLÉMENT ‖ etc. ‖ TOME V ‖ etc., page 271, lig. 15—24. ‖ LETTRES ‖ BEAUX- ARTS ET BÂTIMENTS ‖ 26).

(2) ESSAI HISTORIQUE ‖ SUR LA ‖ BIBLIOTHÈQUE DU ROI‖etc. ‖ PAR LE PRINCE‖NOUVELLE ÉDITION, REVUE ET AUGMENTÉE ‖ DES ‖ ANNALES DE LA BIBLIOTHÈQUE ‖ etc. ‖ PAR LOUIS. PARIS ‖ etc., page 358, lig. 11—14. TROISIÈME PARTIE ‖ ANNALES ‖ DE LA BIBLIOTHÈQUE DU ROI. ‖ AUJOURD'HUI BIBLIOTHÈ- QUE IMPÉRIALE.

(3) ESSAI HISTORIQUE ‖ SUR LA ‖ BIBLIOTHÈQUE DU ROI ‖ etc. ‖ PAR LE PRINCE ‖ NOUVELLE ÉDITION, REVUE ET AUGMENTÉE ‖ DES ‖ ANNALES DE LA BIBLIOTHÈQUE ‖ ecc. ‖ PAR LOUIS PARIS ‖ etc., pages 376, lig. 7—10. TROISIÈME PARTIE. ‖ ANNALES.‖ DE LA BIBLIOTHÈQUE DU ROI.

(4) Cette liste est la suivante (NOUVELLES ARCHIVES ‖ DE ‖ L'ART FRANÇAIS ‖ etc. ‖ ANNÉE 1872. ‖ etc., page 80, lig. 4—8):

« Gardes du Cabinet des Antiques

» Bruneau	1664	1200
» Colbert (Nicolas)	1668—1676	1200
» Lambert (Louis)	1657	300
» Le cointre (Thomas)	1664—1689	600 ».

(5) « L'Histoire du Cabinet des Medailles du Roi. ‖ Par le feu P. C. du Molinet, Chanoine ‖ » Regulier, & ci-devant Bibliothequaire de‖Sainte Genevieve de Paris » (LE‖NOUVEAU‖MERCURE‖ May 1719. ‖ Le prix est de vingt sols ‖ A PARIS, ‖ Chez GUILLAUME CAVELIER. au Palais.‖PIERRE RI- BOU, Quay des Augustins. ‖ à l'Image S. Louis. ‖ Et GUILLAUME CAVELIER, Fils, rue S.‖Jacques, à la Fleur-de-Lys-d'Or. ‖ M. DCC.XIX. ‖ Avec Approbation & Privilége du Roy.‖page 45, lig. 22—29, page 46—58.

(6) LE ‖ NOUVEAU ‖ MERCURE ‖ May 1719, ‖ ecc., page 50, lig. 23—32, pages 51—52, page 53. lig 1—31.

« M. Colbert faisant la charge de Sur-in-
» tendant des Finances & et des Bâtimens, avoit
» aussi par consequent la direction de la Bi-
» bliothèque & des Medailles. Il établit M.
» de *Carcavy*, ancien Conseiller du Grand
» Conseil, pour en avoir le soin, & lui donna
» ordre d'acquerir le plus qu'il pourroit de
» Livres & de Medailles, pour augmenter
» l'une & l'autre. Il seconda en cela le zele
» de ce grand Ministre, & accrut bientôt
» le Cabinet de plusieurs suittes de Medailles
» qui se presenterent.

» Les premieres furent celles de M. Seguin,
» Doyen de S. Germain l'Auxerrois, qui
» étoient d'or & d'argent, de grand &
» moyen bronze, & plusieurs grecques, dont
» on voit les plus rares dans le sçavant livre
» qu'il en a composé : Elles étoient au nom-
» bre de cinq mille, & il reçût pour le prix
» 2000 louis d'or.

» 2. Après la mort de M. Tardieu, Lieu-
» tenant Criminel, on trouva en son logis
» plusieurs Medailles de toutes sortes, qui
» avoient été amassées par M. Ferrier son (*sic*)
» son beau-frere. On rencontra le *Pesceanius*
» *niger* en grand bronze, qui est au Cabinet
» du Roi, avec plusieurs autres fort consi-
» derables.

» 3. Après le decès de M. de Sere Con-
» seiller d'Etat, qui avoit amassé un Cabinet
» de Medailles fort belles & fort rares, celles
» d'or & de grand bronze furent acquises
» pour celui du Roi.

» 4. La suitte de moyen bronze de M. le
» Comte de Brienne, qui étoit fort nom-
» breuse & fort singuliere, a passé après sa
» retraite aux Peres de l'Oratoire, au Cabi-
» net du Roi.

» 5. On augmenta la suitte d'argent de
» celle de M. le Charron, Auditeur des
» Comptes, qui déceda en ce tems-là. On
» en acquit encore, soit par don, soit par
» argent, de plusieurs particuliers, comme
» aussi par échange de Medailles doubles.

» De plus, M. Seguin, Doyen de S.
» Germain de l'Auxerrois, & M. Vaillant,
» ont fait des voyages en Italie pour y aller
» chercher des Medailles pour ce Cabinet
» de S. M. Ils en ont apporté à leur retour
» de fort considerables, particulierement des
» medaillons, & une *Titiana* femme de *Per-*
» *tinax*, en moyen de bronze qui fut trouvée
» par M. Vaillant.

» On fit encore une acquisition de cin-
» quante medaillons de cinq pistolles la piéce,
» dont une personne de qualité voulut bien
» dépouiller son Cabinet, pour enrichir celui
» du Roi, & augmenter tout d'un coup si
» notablement la suitte de ses medaillons.
» Voila pour ce qui regarde les Medailles
» antiques.

» Quant aux modernes, M. le Duc d'Or-
» léans n'en ayant pas été curieux, & n'en
» ayant presque point amassé, le Cabinet
» s'en trouve fort dépourvu. Le mort de
» deux curieux qui en avoient assés bon
» nombre, donna occasion d'en acquerir
» pour en composer des suites, scavoir de
» M. le Charron, Auditeur des Comptes,
» qui en avoit une fort belle suite des Papes,
» & de M. de Teroüenne, Intendant de
» M le Duc d'Epermon, qui en avoit des
» Rois de France & d'autres Princes Etran-
» gers, & que tous deux possédoient un
» grand nombre de jettons d'argent. Le plus
» rare neantmoins y manquoit, celui de la
» ligue du Duc du Maine, qui a pour-
» inscription, *vacante lilio, me regit Dux op-*
» *timus*, qu'on a eu depuis par le moyen de
» M. Vaillant. On en eut aussi deux, des
» monnayes des France & des étrangeres. Ce
» sont ces deux acquisitions qui ont servi de
» fondement au Cabinet des Medailles mo-
» dernes du Roy, comme aussi des monnoyes
» & des jettons qui furent insensiblement
» augmentées par M. Carcavi qui en ache-
» toit en détail à mesure qu'il s'en pre-
» sentoit.

» On ne negligea pas aussi l'augmentation
» des Agathes dont on avoit été bien fourni
» d'abord, puisqu'on en recut 24. belles
» boetes de M. le Duc d'Orleans, dont la
» plupart étoient en relief. On en acquit
» donc de 3, ou 4. côtés 1.° De la part de
» M. le Procureur General d'Harlay, qui
» s'en priva très volontiers pour embellir le
» Cabinet du Roy, où il mit de très belles
» pieces, de M. Oursel premier Commis
» de M. de la Vrilliere, & de Messieurs le
» Comte & le Cointe.

» Les guerres de Hollande & de Flandre,
» étant ensuite arrivées, M. Colbert fit sur-
» seoir pour quelques années les dépenses ex-
» traordinaires, tant du Cabinet que de la
» Bibliothèque; ce qui dura jusqu'à sa mort. »

Tous ces travaux ne firent pas négliger à Carcavy son instruction person-
nelle: la preuve en est dans 9 volumes in—folio conservés à la Bibliothèque
Sainte-Geneviève sous la notation Z*f* 10. (¹)

Sur le V.° du 5.° feuillet de garde le premier volume présente ces mots:

---

(1) « Haenel cite ce manuscrit ainsi » (CATALOGI ‖ LIBRORUM MANUSCRIPTORUM, ‖ QUI ‖ IN ‖ BI-
BLIOTHECIS GALLIAE, HELVETIAE, BELGII, ‖ BRITANNIAE, M. HISPANIAE, LUSITANIAE ‖ ASSERVANTUR, ‖
NUNC PRIMUM EDITI ‖ A ‖ D. GUSTAVO HAENEL.‖LIPSIAE,‖SUMTIBUS I. C. HINRICHS.‖MDCCCXXX, col. 291,
lig. 47—48):

 « Z. 6—12. Quittances, lettres, quelques cartons avec des notes sur la
  » Bibliotèque du roi Calcavi. »

« Notes courtes et historiques prises à sa Bibliothèque du roy de la main
» de Monsieur de Calcavi (*sic*) bibliothécaire du roy. » Cette phrase est écrite
de la main de Guyon de Sardière, comme on peut s'en convaincre en obser-
vant la signature du possesseur à la fin de chaque volume. Guyon de Sardière, second fils de Madame Guyon, fut capitaine au régiment du roi et l'un
des seigneurs du Canal de Briard. Le catalogue de ses livres parut en 1759 (1).
Les six premiers volumes de l'oeuvre de Carcavy sont occupés par les notes :
les trois derniers par des tables. C'est un immense répertoire qu'il sera toujours utile de consulter. On comprendra que je ne puisse en donner
une idée : voici quelques renseignements bibliographiques. Le premier
volume comprend entre 5 et 7 ff.^{ts} de garde 966 pages numérotées.
Le second outre 5 ffts de garde au commencement et à la fin présente
les pages numérotées 967–2026 ; les 5 dernières sont blanches. — Le troisième
outre 5 ffts de garde au commencement et à la fin les pages numérotées
2027–2532, puis les pages numérotées 17–550 ; manquent les pages 1–16, 90–100.
— Le quatrième, outre cinq feuillets de garde au commencement et à la fin,
les pages numérotées 2533–3431, la dernière n' est pas numérotée ; les pages
3412–3460 sont blanches ; les dix dernières sont occupées par des notes pour
le calcul des éclipses. Le cinquième outre 5 feuillets de garde au commencement et à la fin renferme les pages numérotées 3482–4343 ; les pages 4082–4085
sont blanches ; de la page 4085 à la fin ce n'est plus l'écriture de Carcavi.
Le sixième présente entre sept feuillets de garde les pages numérotées 4344–5003,
plus 98 tableaux généalogiques non numérotés. Les deux premiers volumes
de tables ne se rapportent qu' aux trois premiers volumes de texte : le 1er
contient 1118 pp. numérotés entre 4 feuillets de garde, le 2e les pp. 1189–1976,
egalement entre 4 feuillets de garde. Le 3e est une table générale : il renferme les pages 1977–3162 toujours entre 4 feuillets de garde.

IV.

Colbert savait que les gens de lettres sont les distributeurs de la gloire :
il voulut avoir son Académie, comme Richelieu.

Sa création fut d'abord encyclopédique. Elle comptait des géomètres et
des physiciens qui s'assemblaient séparément le samedi, puis tous ensemble le
mercredi ; les jours des érudits étaient le lundi et le jeudi ; les littérateurs

---

(1) Correspondance inédite de Caylus avec Paciaudi publiée par Charles Nisard. Paris, Imprimerie
Nationale, 1880, tome I, p. 306.

s'assemblaient le mardi et le vendredi. Toutes les sections se réunissaient le premier jeudi de chaque mois (1). Sept mathématiciens se réunirent au commencement de Juin 1666. C'étaient Carcavy , Huygens, Roberval , Frenicle, Auzoult, Picard, Buot; ils purent se livrer en paix à leurs travaux (2). Mais l'Académie française et l'Académie des Inscriptions s'émurent d'une institution qui créait des inégalités entre les membres de la nouvelle Académie qui étaient aussi de l'ancienne et les Membres de l'ancienne qui n'étaient pas de la nouvelle.

Le Roi reduisit donc les occupations du nouveau corps aux sciences. Quelques membres nouveaux furent nommés : de la Chambre, Perrault, du Clos, Bourdelin, Pecquet, Gayen , Marchant, Duhamel, médecin du Roi, Claude. On leur adjoignit des jeunes gens : Niquet, Couplet, Richer, Pivert, d'Avois, etc. (3)

(1) Jean Baptiste Duhamel en parlant de Colbert dit (REGIAE ‖ SCIENTIARUM ACADEMIÆ ‖ HISTORIA, ‖ etc. ‖ *SECUNDA EDITIO PRIORI LONGE AUCTIOR.* ‖ *Autore* JOANNE-BAPTISTA DU HAMEL, etc., page 3, lig. 5—33) :

> « Huic igitur perillustri viro Rex maximus id muneris dedit, ut rem
> ipsam executioni mandaret. Is adeò cum doctis & perspicacis ingenii viris
> inito consilio statuit, eam Societatem ex viris qui in Physicis & in Mathema-
> ticis disciplinis essent versatissimi. cogi oportere : sic tamen ut singuli unam
> ex iis praeter cœteras colerent, reliquas non omitterent. Id enim persuasum
> habebat Vir eximius eas diciplinas inter se esse connexas & consertas,
> ut difficillimum sit quemquam vel in una ex iis excellere, nisi alias quoque
> non leviter attigerit. Huic etiam nonnulli auctores fuerunt, ut Academia
> non ex Geometris modo & Physicis, sed etiam ex iis constaret viris, qui à
> politioribus Litteris, & ab historia imprimis essent instructi. Quod utique
> vehementer approbavit ; simul id constituit, ut Geometrae & Physici Mer.
> curii & Sabbati diebus, die quidem Mercurii separatim , die Sabbati unà
> convenirent eum in locum Regiae Bibliothecae ubi exstant Libri de his dis-
> ciplinis conscripti.
>
> « Consimili ratione qui historiæ dabant operam, Lunae & Iovis diebus eò
> se reciperent, ubi historici Libri continentur. Qui denique in politioribus
> Litteris, Grammatica nimirum, Poëticâ & eloquentia studium suum posue-
> rant, hi diebus Martis & Veneris simul aggregarentur : ac demum ut die
> Iovis cujusque mensis primo omnes illæ societates una coïrent, ubi ab iis
> qui in unaquaque Academia designati fuerant. (Secretarios vocant,) ut res
> discussas & dijudicatas scriptas mandarent relatione facta in generali illo
> congressu unicuique liceret quae sibi difficiliora viderentur proponere ex
> tempore solvenda. Quod si majores essent difficultates quàm ut statim dis-
> solvi possent, ac subinde mutuendum (*sic*) foret, ne una vel altera objectio
> tempus omne congressûs absumeret, tum quæ contra dicerentur scriptis pro-
> ponenda & eorum rationes diluendæ : quod hæc sit ratio & brevior & tutior
> veri dijudicandi. Ubi iis esset abunde satisfactum, aut nihil occurreret, quod
> merito opponi posset, tum quod propositum fuerat, ut totius conventûs ju-
> dicium haberetur. »

(2) « Ac Mathematici quidem primi sex aut septem ad summum convenere mense ‖ Junio anni 1666. Hi porro, erant D. D. Carcavy, Hugens, de Roberval, ‖ Frenicle, Auzoult, Picard & Buot. Atque ea fuit prima hujus Academiae ‖ institutio, quae ex Geometris pene solis adhuc constabat » (REGIAE ‖ SCIENTIARUM ACADEMIÆ ‖ HISTORIA, ‖ etc. ‖ *SECUNDA EDITIO PRIORI LONGE AUCTIOR,* ‖ *Autore* ‖ JOANNE-BAPTISTA DU HAMEL, etc., page 4, lig. 20—23). — LES ACADÉMIES D'AUTREFOIS ‖ L'ANCIENNE ‖ ACADÉMIE ‖ DES SCIENCES ‖ PAR ‖ L.-F. ALFRED MAURY ‖ Membre de l'Institut, professeur d'histoire et morale ‖ au Collège de France ‖ PARIS ‖ LIBRAIRIE ACADÉMIQUE ‖ DIDIER ET Cie, LIBRAIRES-ÉDITEURS ‖ 35, QUAI DES AUGUSTINS ‖ 1864 ‖ Tous droits réservés. ‖ page 11 , lig. 5—22. — L' ACADÉMIE ‖ DES SCIENCES ‖ ET LES ACADÉMICIENS ‖ DE 1666 a 1793 ‖ PAR JOSEPH BERTRAND ‖ MEMBRE DE L'INSTITUT ‖ PARIS ‖ J. HETZEL, LIBRAIRE ÉDITEUR ‖ 18 , RUE JACOB, 18 ‖ 1869 ‖ Tous droits réservés ‖ page 3, lig. 3—28).

(3) « II. Ea quidem mente, eo consilio Ludovicus Magnus Academiam for-‖ mare statuit ex viris » nimirum fama & nomine jam cognitis, iisque non ‖ eruditis modo, sed quod majus est , expertis » conflatam, qui multa legis-‖ sent & vidissent , quique nulli sectæ velut jurati essent addicti, quos » om-‖ ne disciplinarum genus oblectaret quidem, sed unam tamen ex iis præ cæ-‖ teris colerent. Hos » deligendi Domino Colbert cura, ut diximus, à Rege ‖ fuit demandata. In quo quidem idem judi-» cium & eamdem diligentiam, ‖ qua in maximis rebus uti solebat , adhibuit. Ac præter eos qui à

Le 22 Décembre 1666, mathématiciens et physiciens se réunirent à la Bibliothèque ; Carcavi leur exposa la volonté du Roi, le but de l'Académie qui était l'intérêt public et la gloire du Roi (1).

Les Archives de l'Académie des sciences gracieusement ouvertes à mes recherches par l'obligeance de Mr. Joseph Bertrand, ne renferment aucun travail original de Carcavi. Par exemple, je lis dans le Registre de l'Académie du Mercredi, 23 Mai 1668 (2): « Le Mesme Jour M.ʳ de ‖ Carcavi ayant dict a la Compagnie‖que Monseigneur Colbert désiroit‖que lon travaillast a faire des‖Cartes Geographiques de la France‖plus exactes que celles qui ont esté‖faictes jusqu'icy, Et que la Compagnie‖prescriuist la manière dont se ser-‖uiroient ceux qui seront employez‖a ce dessein ; On a résolu de‖traitter mercredy prochain de cette‖matière ; Et parce qu'on a Jugé à ‖ propos d'auoir sur cela l'aduis des‖plus habiles Geographes, on a donné ‖ ordre à M.ʳ Niquet d'aller au Logis‖de M.ʳ Sanson Geographe ord.ʳᵉ‖du Roy Le prier de la part de la ‖ compagnie de se trouuer a L'assem-‖blée Le mercredy 30ᵉ may.» Chaque fois que Carcavi prend la parole, c'est en organe des volontés de Colbert. Ses travaux se confondent avec ceux de l'Académie.

Elle analysa ou crut analyser des eaux minérales : c'est à Carcavi que Colbert fit envoyer par Riquet des bouteilles cachetées d'eaux de Barèges et de Balaruc en Languedoc (3). Il s'occupa de réunir les matériaux qui devaient être utilisés dans la belle édition des *Mathématici Veteres* en 1693 (4). Voici deux lettres adressées à Mgr. Octave Falconieri que nous publions pour la première fois d'après des copies conservées à la Bibliothèque Marciana de Venise (5):

» nobis sunt ‖ nominati, quique ad Mathesim imprimis animum adiunxerant, hos ele ‖git qui physicis
» in rebus excellere magis videbantur, D. de la Chambre ‖ Medicum Regis ordinarium, D. Perrault
» omni genere Scientiarum natura-‖lium. præstantem, D. D. du Clos & Bourdelin in Chymiæ labo-
» ribus valdè ‖ exercitatos, D. D. Pecquet & Gayen Anatomiæ peritos, D. Marchant in ‖ Botanicis
» imprimis versatum. Paucis ante mensibus eodem me honore affe-‖cerat, atque ut loquuntur, Se-
» cretarium Academiæ designaverat, ut quæ pro-‖ponerentur, scriptis exciperem, & in Commentarios
» referrem: utrisque & ‖ Geometris & Physicis adjunxerat juvenes ingenio & scientia præstantes,
» D. D. ‖ Niquet, Couplet, Richer, Pivert, d'Avois & alios quosdam pereruditos, qui ‖ postea publicis
» operibus magna cum laude præfuerunt » (REGIAE ‖ SCIENTIARUM ACADEMIÆ ‖ etc. ‖ *SECONDA EDITIO PRIORI LONGE AUCTIOR.* ‖ *Autore* JOANNE-BAPTISTA DU HAMEL, etc., page 4, lig. 40—41, page 5, lig. 1—23). — LES ACADÉMIES D'AUTRESFOIS ‖ L'ANCIENNE ‖ ACADÉMIE ‖ DES SCIENCES ‖ PAR ‖ L.—F. ALFRED MAURY ‖ etc., page 11, lig. 23—28, page 12, lig. 1—28, page 13, lig. 22—30. — L'ACADÉMIE ‖ DES SCIENCES ‖ ET LES ACADÉMICIENS ‖ DE 1666 A 1793 ‖ PAR ‖ JOSEPH BERTRAND ‖ etc. ‖ page 4, lig. 1—25, page 5, lig. 2—28.

(1) « Die 22. Decembris anni 1666. duæ illæ Societates in unam coalue-‖re, ac Geometræ simul » & Physici in aulam Regiæ Bibliothecæ conve ‖nerunt, ubi D. de Carcavi quæ esset Regis volun-» tas exposuit, quo con-‖silio eos convocasset, nempe ut omnes summo studio & cura in promo-‖ » uendis his disciplinis elaborarent, ob id maximè à D. Colbert delectos ‖ fuisse, ut aliquid ad pu-» blicam utilitatem & ad Regis gloriam specta ‖bile ef-‖ficerent » (REGIÆ ‖ SCIENTIARUM ACADEMIÆ HISTORIA, ‖ etc. ‖ *Autore* ‖ JOANNE BAPTISTA DU HAMEL,‖etc., page 5, lig. 17—23). — LES ACADÉMIES D'AUTREFOIS ‖ L'ANCIENNE ACADÉMIE ‖ DES SCIENCES ‖ PAR ‖ L.-F. ALFRED MAURY ‖ etc. ‖ page 13 , lig. 31, page 14, lig. 1—5).

(2) Registre ‖ de l'Académie de ‖ Mathématiques ‖ feuillet numéroté 25, *verso*, lig. 7—21, feuillet numéroté 26, *recto*, lig. 1—4.

(3) LETTRES ‖ INSTRUCTIONS ET MÉMOIRES ‖ DE ‖ COLBERT ‖ PUBLIÉS ‖ etc. ‖ PAR PIERRE CLÉMENT ‖ etc. ‖ TOME V. ‖ etc., page 291, lignes 3—9, note 3. ‖ LETTRES ‖ BEAUX-ARTS ET BÂTIMÉNTS ‖ 42.

(4) VETERUM ‖ MATHEMATICORUM ‖ ATHENÆI, ‖ APOLLODORII, ‖ PHILONIS, ‖ BITONIS, ‖ HERONIS, ‖ ET ALIORUM ‖ OPERA. ‖ GRÆCE ET LATINE PLERAQUE ‖ nunc primum edita. ‖ *Ex Manuscriptis Codibus Bibliothecæ Regiæ* ‖ PARISIIS. ‖ EX TYPOGRAPHA REGIA. ‖ M.DC.XCIII. In folio de 384 pages, dont les 1ᵉʳᵉ, 6ᵉᵐᵉ, 17ᵉᵐᵉ, 567ᵉᵐᵉ, 382ᵉᵐᵉ ne sont pas numerotées, et les autres sont numérotées VI—XVI, 2—365.

(5) Manuscrit de la Bibliothèque Marciana de Venise coté « Classe XI. dei latini N.º XCVII. feuillet numéroté 132, *verso*, feuillet numéroté 133, *recto*, *verso*, feuillet numéroté 134 , *recto*. —

CARCAVY A Mgr FALCONIERI

De Paris le 11.° Jullet 1668.

Monsieur. Comme j'avois prié M.ʳ le Doyen de St. Germain, et M.ʳ Bigot de vous écrire concernant le travail, que vous avés fait sur les Autheurs Tactiques, je vous ay toute l'obligation de ce que vous avés pris la peine d'en envoyer à M.ʳ le Doyen qui me les a. mis entre les mains, et vous en rends toutes les graces que je puis, vous asseurant, que je ne manqueray pas d'y satisfaire comme je dois, non seulement par la connoissance qu'aura le public de la grace que vous lui faites, mais encore par le soin particulier, que je prendray, de vous obeir en tout ce que vous me jugerés capable de vous rendre quelque service. La discussion qu'on a faite depuis quelque tems dans nôtre Academie de tout ce qui regarde les Mechaniques, l'ordre que le Roy a donné d'y travailler avec soin, et le recueil tres ample que l'on fait de toutes les machines tant anciennes que modernes, me donnerent la pensée de mettre au jour tous les anciens Autheurs Grecs qui traitent de cette matiere, et qui sont dans la Bibliotheque de sa Majesté: M.ʳ Hardy les a mis en ordre, et traduits il y a long tems; il pensa même de les imprimer lors qu'il publia les Dates d'Euclide; mais comme depuis ce têms la il a eu d'autres occupations, et qu'il a été accablé de differentes maladies, en sorte qu'il a de la peine à mettre presentement en ordre ce qu'il a fait, je me suis addressé à vous Monsieur, pour obtenir la grace qu'il vous a plù nous faire. Je vous rendray compte de tèms en tèms de ce qui se passera dans cet ouvrage; que s'il vous restoit encore quelque chose, soit de la traduction ou des observations que vous aurés fait sur ces anciens Autheurs, comme elles ne peuvent être que tres bonnes, et tres considerables, je vous serois bien obligé s'il vous plaisoit me les envoyer. M.ʳ Meibomius qui a travaillé sur la même matiere, me fait aussi esperer ce qu'il en a recueilli: ce qu'étant joint a ce qu'il vous a plù me donner, et étant conferé avec les MSS. de la Bibliotheque de sa Majesté, produira certainement quelque chose qui sera utile au Public. Vous y aurès Mons.ʳ la meilleure part, et et nous ne manquerons pas d'en rendre le temoignage que nous devons. Cependant agreés s'il vous plait que je me serve d'un occasion, qui m'est si avantageuse pour être connu de vous, et que je vous assure, qu'il n'y a personne au monde qui soit plus que moy.

    Monsieur

Votre tres humble, et tres
obeissant Serviteur. Decarcaui.

Ce manuscrit composé de 267 feuillets, dont les deux premiers sont des feuillets de garde, est intitulé dans le *recto* de son troisième feuillet « EPISTOLAE MSS. || VIRORUM ILLUSTRIUM || AD || OCTA-»·VIUM FALCONERIUM || ROMANUM || SANCTAE CONGREGATIONIS INDICIS CONSULTOREM || & || AD ALIOS » COLLECTAE A || JUSTO FONTANINO || ARCHIEPISCOPO ANCIRANO || & a || JULIO TOMITANO || OPITER-» GINO || IN ORDINEM REDACTAE || ANNO MDCCLXXXIII », et rélié en carton. couvert intérieurement de papier blanc. Sur son dos on trouve écrit à l'encre noir: « Epistolę MSS. || Virorum illustr. || ad » Octavium || Falconerium || et alios. || Classis XI. || Cod. XCVII. »

De Paris le 1.er Mars 1675.

Monseigneur. J'ay bien de la joye, et vous suis tres obligé de la grace qu'il vous a plù me faire en me donnant occasion de vous temoigner mes obeissances. Aussi tôt que M.r le maitre de Chambre de Mgr. le Nonce me demanda de vôtre part le plombe de la Medaille de Gordien 3.e je donnay ordre qu'on le fit marquer, et parce qu'il m'a semblé ne pas exprimer aussi nettement le double rang de rames, qu'il est empraint dans l'original, j'en ay fait faire encore un dessein particulier, que je joints à la marque du plomb, et que je puis vous asseurer être entierement conforme à la medaille qui est antique, et tres sincere. Lorsque vous souhaiterés quel qu'autre chose qui depeudra de moy, vous n'aurés, qu'à l'ordonner, Monseigneur, et ayés s'il vous plait la bonté de croire, que je n'auray jamais plus de satisfaction, que de vous rendre mon tres humble service. Si quelque un de vos Messieurs les curieux, et qui prennent plaisir à étudier, et connoitre à fonds les medailles, vouloit en conferer, et etablir avec nous quelque commerce d'une curiosité si louable, nous tacherions de le satisfaire, et je me persuade qu'il recevroit quelque contentement de nos recüeils, et du soin que nous apportons a un estude, qui fait une partie et de nôtre devoir, et du respect, que nous devons à sa Majesté. Je suis entierement

Monseigneur

Votre tres humble et tres.
obeissant Serviteur
De Carcavi

Le 30 Mai 1668, Carcavy est chargé par Colbert d'examiner avec Huygens, Roberval, Auzout, Picard, Gallois une méthode proposée par un noble allemand pour trouver la longitude en mer (1).

Comme toutes les anciennes Académies, l'Académie de Colbert eut à réjeter nombre de quadratures du cercle, de duplications du cube, de machines à mouvement perpétuel, etc. Elle ne devait pas être épargnée par le mécontentement des faux inventeurs. Carcavy en particulier fut tourné en ridicule sous le nom de « Caricavi » dans des pamphlets d'un certain Bertrand de la Coste, Colonel d'Artillerie au service de la République de Hambourg, auteur d'une duplication du cube et d'une trisection de l'angle que l'Académie repoussa naturellement. Dans les feuillets 2e—60e d'un volume de la Bibliothèque Nationale de Paris, cotté « V 2141 », on trouve un exemplaire d'un opuscule de Bertrand de La Coste (2) intitulé dans sa première page « Le Reucil matin fait par ‖ Mon-

---

(1) « III. Sub idem tempus die nimirum tricesima Maii D. Colbert ex Aca- ‖ demia D. D. Car-
» cavi, Hugens, de Roberval, Auzout, Picard, cum ‖ Domino Galloys. qui tum erat, à Commentariis
» aut Secretarius, (tum enim ‖ profectus eram Aquisgranum. in comitatu illustris. Viri D. de Croissy ‖
» Legati & Plenipotentiarii Regis Christianissimi) in suam Bibliothecam ‖ arcersivit. quo D. du Quesne
» Regiae Classis Legatus statim una cum nobili ‖ Germano olim in Suecia Tribuno militum se
» contulerat. Hic excogitatam ‖ a se rationem certam & facilem cujusque loci in mari longitudinis
» invenien-‖dae proposuit. » (REGIÆ ‖ SCIENTIARVM ACADEMIÆ ‖ HISTORIA, etc.‖ *Autore* JOANNE-BAPTI-
STA DU HAMEL *ejusdem* ‖ *Academiae Socio,* page 42, lig. 28—36).

(2) Un article sur la vie et les travaux de Bertrand de la Coste se trouve dans le volume intitulé « JOHANNIS MOLLERI ‖ FLENSBURGENSIS ‖ CIMBRIA LITERATA. ‖ TOMUS SECUNDUS, ‖ ADOPTIVOS
» sive EXTEROS, DUCATU utroqve SLES-‖VICENSI & HOLSATICO vel officiis functos publicis, ‖ vel diu-

» sieur Bertrand pour Reueil-‖ler les pretendus sçauans Matemati-‖ciens (*sic*) de
» l'Academie Royale ‖ de Paris, &c. ‖ A HAMBOURG ‖ Imprimé par Bertrand libraire
» ordinaire ‖ de l'Academie de Bertrand ou il se veud. ‖ M DC LXXXIV ‖*Auec priuilege*
» *de Bertrand* », et composé de 118 pages (59 feuillets), dont les 1er–46ème, 118ème
ne sont pas numérotées, et les 47ème–117ème sont numérotées 1–75 (1). Pierre Carcavy y

---

» tius commoratos, complectens »; c'est le second volume d'un ouvrage en 3 volumes in folio,
intitulé dans la cinquième page du premier « JOHANNIS MOLLERI ‖ FLENSBURGENSIS ‖ CIMBRIA
» LITERATA ,‖SIVE ‖ SCRIPTORUM DUCATUS UTRIUSQVE SLESVICENSIS ‖ ET HOLSATICI, ‖ QVIBUS ET
» *ALII VICINI QVIDAM ACCENSENTUR*, ‖ HISTORIA LITERARIA TRIPARTITA,‖ecc.‖OPUS‖*magno qua-*
» *draginta annorum labore & studio conjectum, diuque* ‖ *desideratum:* ‖ HISTORIÆ LITERARIÆ EC-
» CLESIASTICÆ ET CIVILIS ‖ Imo omnium Disciplinarum studiosis utilissimum ‖ CUM PRÆFATIONE ‖
» *JOANNIS GRAMMII*, ‖ NEC NON ‖ INDICE NECESSARIO ‖ *HAVNIÆ*, Anno MDCCXLIV. Sumptibus &
» typis Orphanotrophii Regiis ‖ Excudit Gottmann. Trid. Kisel, Orphanotroph. Reg. Typographus »),
page 153, lig. 71–72, page 154, lig. 1–2. — Bertrand de la Coste, né à Paris, s'était établi depuis l'année 1663 à Hambourg après avoir été au service de Guillaume Electeur de Brandebourg et
reçu de ce prince une mission honorable (JOANNIS MOLLERI ‖ FLENSBURGENSIS ‖ CIMBRIA LITTERA-
TA ‖ TOMUS SECUNDUS, etc., page 153, lig. 31–34).

(1) Un autre exemplaire de ce rare opuscule se trouve dans un volume de la Bibliothèque Royale de Berlin, coté « Og $\frac{1427}{50}$ ». Dans la dernière édition du DICTIONNAIRE HISTORIQUE de Moreri
(LE GRAND ‖ DICTIONNAIRE ‖ HISTORIQUE, ‖ OU ‖ *LE MÉLANGE CURIEUX*‖DE L'HISTOIRE ‖ SACRÉE
ET PROFANE,‖etc.‖Par M.re LOUIS MORÉRI, Prêtre, Docteur en Théologie ‖ NOUVELLE ÉDITION, *dans*
laquelle on a refondu les Suppléments de M. l'Abbé GOUJET. ‖ Le tout revu, corrigé & augmenté
par M. DROUET. ‖ TOME TROISIÈME. ‖ A PARIS ‖ CHEZ LES LIBRAIRES ASSOCIÉS, ‖ M. DCC. LIX. ‖ *AVEC*
APPROBATION ET PRIVILEGE DU ROI ‖ page 188, col. 1, lig. 68–73) cet ouvrage est signalé ainsi :

« Il est parlé de lui avec mépris, mais sans raison
» dans deux ou trois endroits d'une livre singulier, où il
» est appellé par dérision, sans doute, *Caricavi*. Ce livre
» a pour titre: *le Reveil matin, fait par M. Bertrand* » pour réveiller les pretendus savans mathématiciens de
» l'académie royale de Paris, in-8° à Hambourg en
» 1674, imprimé par Bertrand, libraire ordinaire de
» l'académie de Bertrand, avec privilege de Bertrand. »

Jean Moller cite cet opuscule ainsi (JOANNIS MOLLERI ‖ FLENSBURGENSIS ‖ CIMBRIA LITTERATA ‖ TO-
MUS SECUNDUS, etc., page 153, lig. 54–55) :

« La Reveille matin Mathématiqve, pour reveiller les pretendus sçavans Mathématiciens de l'Académie Ro-
» yale de Paris. Hamburgi 1674. in 8. »

M. Rogg indique cet opuscule ainsi (BIBLIOTHECA ‖ MATHEMATICA ‖ SIVE ‖ CRITICUS ‖ LIBRORUM
MATHEMATICORUM, ‖ QUI ‖ INDE AB REI TYPOGRAPHICAE EXORDIO AD ANNI ‖ 1830^{mi}, USQUE FINEM
EXCUSI SUNT. ‖ INDEX ‖ AD ‖ VARIOS USUS COMMODE DISPOSITUS ‖ AB ‖ J. ROGGIO. ‖ SECTIO I ‖ LIBROS
ARITMETICOS ET GEOMETRICOS COMPLETENS‖TUBINGÆ,‖SUMPTIBUS L. F. FUES. ‖ 1830. — Handbuch
der ‖ mathematischen Literatur ‖ vom ‖ Anfange der Buchdruckerkunst bis zum Schlusse ‖ des Jahrs
1830. ‖ *Erste Abtheilung,* ‖ welche die arithmetischen und geometrischen Wissenschaften ‖ enthält ‖
Bearbeitet ‖ von ‖ J. Rogg, ‖ Privat docenten in Tübingen. ‖ Tübingen, ‖ bey Ludwig Friedrich Fues. ‖
1830, page 170, lig. 14–15) :

« Reveil-matin et autres pièces pour reveiller les préten-
» dus savans mathématiciens de l'académie, 12. *Hamb*, 1674. »

Cornelius de Beughem cite un autre écrit du même auteur ainsi (BIBLIOGRAPHIA ‖ MATHEMATICA ‖
ET ‖ ARTIFICIOSA NOVISSIMA ‖ perpetuò continuanda, ‖ seu ‖ CONSPECTUS PRIMUS.‖etc. ‖ Opera & Studio ‖ CORNELII à BEUGHEM *Emb.* ‖ *Accedit* ‖ Ejusdem *Cosmographiæ sive Atlantis Majoris tam* ‖ Bla-
viani *quam Janssoniani brevis Conspectus har-*‖*monice exhibitus.* ‖ *AMSTELODAMI* ‖ Apud JANSSONIO-
WAESBERGIOS 1688.‖page 166, lig. 8–18) :

« *BERTRAND de la COSTE*, la Demonstration de la
» Quadrature du Cercle, qui est l'unique Couronne &
» principal sujet de toutes les Mathématiques, par la-
» quelle on fait voir, la particule dont Archimede fait
» mention, laquelle tant de bons Esprits & Sages Phi-
» losophes, ont cherché sans le pouvoir trouver, depuis
» des certaines d'années, avant la nativité de Jesus
» Christ, & par mesme moyen, on fait voir la ligne
» de la Roulette, laquelle personne n'a jamais trouvée,
» à faute d'avoir eu descouvert la Quadrature du Cercle.
» *Hamb.* 1666, in 4 & 1667 in 8.° »

Moller après avoir indiqué ces deux éditions de 1666 et 1677 (JOANNIS MOLLERI ‖ FLENSBURGENSIS‖
CIMBRIA LITTERATA ‖ TOMUS SECUNDUS, etc., page 153, lig. 56–61) indique (JOANNIS MOLLERI‖FLENS-
BURGENSIS ‖ CIMBRIA LITTERATA ‖ TOMUS SECUNDUS, etc., page 153, lig. 61–62) une traduction en
langue flamande de cet opuscule.

est appellé « le Directeur Caricavi » (1). Dans les feuillets 130ᵉ–153ᵉ du même volume cotté « V 2141 », on trouve un exemplaire d'un autre opuscule intitulé dans sa première page « CE N'EST PAS ‖ LA MORT AUX ‖ RATS NY AUX SOURIS, ‖ MAIS » C'EST LA MORT ‖ DES MATEMATICHIENS (*sic*) ‖ DE PARIS ‖ ET ‖ La demonstration de la » trise-‖ction de tous triangles par ‖ BERTRAND DE LA ‖ COSTE, ‖ Colonel D'Artil-» lerie. ‖ A HAMBOURG, ‖ M.DC.LXXVI », et composé de 24 feuillets, c'est–à–dire de 48 pages, dont les 1ᵉ–28ᵉ, 43ᵉ–48ᵉ ne sont pas numérotées, et les 29ᵉ–42ᵉ sont numérotées 1–14. Dans la page 45ᵉᵐᵉ de cet opuscule, on lit :

> « L'Epitaphe de feu Mr.
> » de CariCAVI.
>
> » Cy gist le bon CariCAVI
> » Qui dicit Pater PECCAVI
> » Le bien d'autruy FURAVI
> » Es Mathematiques ERRAVI
> » En mes brayettes CACAVI ».

V.

La mort de Nicolas Colbert en 1676 avait rendu vacants la place de la garde de la librairie. Louis Colbert le fils du Ministre lui succéda : il n'y eut aucun changement dans l'administration de la Bibliothèque (2). Tout autres furent les conséquences de la mort du grand Colbert. En 1683, Carcavi était arrivé à l'extrême vieillesse ; il avait eu le temps de se faire des ennemis et des envieux.

On en voit la preuve dans le Mémoire suivant, jusqu'à présent inédit, et qui se trouve dans le manuscrit de la Bibliothèque Nationale de Paris coté « Fonds Latin, n? 17174 » (feuillet 48) :

MÉMOIRE CONCERNANT LA BIBLIOTHÈQUE DU ROY (3).

1. Il est vray que depuis quelque temps, et principalement depuis la mort de mon père, son esprit s'est fort affoibly aussy bien que sa santé.

2. Clément est à la bibliothéque du Roy depuis 1664. Il y paru travailler toujours avec assiduité et fidélité. Il ne paroist pas estre d'intelligence avec le S.ʳ Carcavy; ils sont assez broüillez ensemble, au moins en apparence.

1. L'extrême vieillesse a mis le S.ʳ Carcavi dans l'impuissance de prendre pour luy–même le soin de lad.ᵉ Bibliothèque.

2. Il en a donné la direction au nommé Clément, lequel divertit le plus qu'il luy est possible des choses qui composent la Bibliothéque et de celles qui y sont annexées.

3. Il s'est appliqué à cette diversion principalement depuis que la maladie de M. Colbert a esté estimée mortelle.

---

(1) « Je le presenté ‖ sur la table a monsieur le ‖ Directeur Caricaui, & le pre-‖mier Professeur » m'ayant in-‖terrogé sur tous les points ‖ essentiels qui concernent ce ‖ bel Art, & de tous ses ‖ ob-» servations par regles de ‖ Matematiques, & ayant re-‖pondu a ses demandes dans ‖ toutes les formes » (Le Reueil matin fait par ‖ Monsieur Bertrand, etc., feuillet 4, non numeroté, *recto* (page 7ᵉᵐᵉ, non numerotée, lig. 5—15, AU LECTEUR). — « Monsieur. Le Directeur Caricauj, & ses ‖ associés, dansent, » sautent, cabriollent, & gam-‖badent à sa cadance » (Le Reueil matin fait par ‖ Monsieur Bertrand, etc., page 62, lig. 4—6).

(2) HISTOIRE GÉNÉRALE DE PARIS ‖ LE CABINET ‖ DES ‖ MANUSCRITS ‖ DE LA BIBLIOTHÈQUE IM-PÉRIALE ‖ etc. ‖ PAR ‖ LÉOPOLD DELISLE ‖ etc. ‖ TOME I. ‖ etc., page 239, lig. 10—16.

(3) Les apostilles sont du fils de Colbert.

4. J'ay examiné tous les catalogues et inventaires ; ils ne peuvent avoir esté renouvellez depuis la mort de mon père, y en ayant trois volumes de MSS. Aiant, plusieurs cahiers et treize volumes des imprimez, gros volumes. D'ailleurs il représente tous les anciens sur lesquels je vérifieray les nouveaux.

5. J'ay fait voir aux plus habiles graveurs l'estat de ces planches. Leur rapport est cy-joint, au bas duquel j'ay mis plus au long ce que j'ay appris sur cet article.

6. Le nommé Clerambaut fut chargé en 1676, par M.ᵣ de Meaux de faire un extraict de tout ce qu'il pourroit trouver dans les mss. secrets de la biblioth. pour servir à l'histoire de France, qu'il composoit pour Monseigneur. Clérambaut y travailla long-temps et a donné sur cela plusieurs escrits à Mr. de Meaux : cela a pu donner lieu de croire qu'il en débitoit. J'ay appris aussy qu'un Arabe, nommé Joannes, avoit copié quelques mss. Arabes.

8. Il est vray que ce tableau ne paroist plus ; il estoit peint par M.ᵉ de Brisacier et non par Mignard. J'ay demandé au Sieur Carcavy ce qu'il en avoit fait, il m'a dit l'avoir eschangé contre des médailles. Les pierreries et la montre m'ont esté représentées et j'en ay fait dresser l'inventaire cy joint.

9. J'ay veu touttes les estampes du Marcantoine ; elles paroissent en bon ordre. J'en ay cependant trouvé trois d'enlevées. Elles sont dans deux gros volumes in-folio, qui sont souvent entre les mains des curieux.

10. Cela se connoistra en vérifiant les inventaires ; l'effigie de la vierge est dans le Cabinet : je l'ay veüe.

11. Ce qui a pu donner lieu à le croire, c'est que feu mon père achepta pour mille escus de livres doubles de la Bibliothèque du Roy, comme plusieurs autres particuliers. Lesquels mille escus ont servy à payer les livres du S.ᵣ Hatton, Anglois, qui sont à présent dans la Bibliothèque du Roy et dont il y a preuves.

4. Pour se sauver de la peine qu'il mérite l'on prétend que depuis peu il a renouvellé les divers cathalogues ou Inventaires des choses de differente espèce qui sont en ses mains.

5. Les planches de l'oeuvre de M. le Brun sont presque usées par le grand nombre d'Estampes qu'il en a fait tirer, lesquelles il vent en secret à divers marchands.

6. Il vent des coppies (*sic*) des manuscrits secrets de la Bibliothèque.

7. Il a pour compagnon de son commerce le nommé Clérambaut qui, dans lad. Bibliothèque est préposé pour prendre soin des armoiries.

8. Dans lad. Bibliothèque l'on ne voit plus un tableau fait par le S.ᵣ Mignard, où le Roy, la Reyne mère, la Reyne et Monseigneur estoient représentez, la Bordure estoit ornée de fines pierreries et d'une montre d'or, de ces pierreries quelques unes ont esté veües entre les mains dud.ᵗ Clément, lequel les a fait monter sur des bagues.

9. Le Marcantoine a esté dépoüillé de ses plus belles estampes.

10. L'on a diverty plusieurs médailles, momies et antiques de marbre, et une petite effigie de la vierge, placée dans dans une niche d'yvoire.

11. L'on assure que le nommé Baluze, Bibliothéq.ʳᵉ de M. Colbert, a fait passer de la Bibliothèque du Roy grand nombre de livres dans celle dud. S.ᵣ Colbert.

Le fragment suivant de Boivin n'est pas moins explicite (1):

« En mille six cens quatre vint trois, Mr Colbert étant mort (il mourut le 6^e
» septembre), le Sr de Carcavy fut obligé de sortir de la Bibliothèque royale,
» où son grand age ne luy permettoit plus de remplir tous ses devoirs avec
» autant d'exactitude qu'auparavant. Il s'etoit dit-on trouvé quelque mé-
» compte dans les médailles du Cabinet, qui vers ce temps là fut transféré
» à Versailles, le Roy ayant paru prendre goust à cette sorte de curiosité. »

En vain Carcavi chercha à reconquérir les bonnes grâces du Roi: temoin cette
piéce dictée évidemment à la fin de 1683 à un de ses enfants et qui se trouve
en tête d'une traduction en 33 langues des thèmes de Louis XIV:

AU ROY

Sire,

J'ay appréhendé que parmy cette grande foule d'Ecrivains illustres qui ont
fait de si éloquents panégyriques des grandes actions de Vostre Maiesté et
qui ont célébré les victoires qu'Elle a remportées, les conquestes qu'Elle a
faites et les autres merveilleux événemens de son régne, J'eusse mauvaise grâce
de parler des occupations de son Enfance et des thèmes qu'Elle a composez
lors qu'Elle estudioit la Langue latine. Mais les ayant trouvé, Sire, écrits de
la propre main de V. M. parmy les autres livres de sa Bibliothèque Royalle,
dans laquelle il y a dix-neuf ans et davantage que mon père a l'honneur de
la servir, ils m'ont semblé si beaux et remplis de maximes si chrestiennes et
sy conformes à ce qu'elle a pratiqué depuis que i'ay pensé ne pouvoir mieux
satisfaire le zéle très ardent que i'ay pour sa gloire, tout Jeune que ie suis,
qu'en publiant quels ont esté les premiers sentimens de sa Jeunesse, et en
faisant connoistre à toute la terre que, comme un autre Hercule, V. M. a esté
un véritable Héros dès ses plus tendres années, si bien que nous pouvons
luy appliquer avec beaucoup plus de raison ce que les médailles nous rapportent du Grand Constantin, que la vertu de ce Prince faisoit tout l'honneur du siécle (2) où il vivoit. Permettez-moy d'en dire autant de vostre
heureux règne et souffrez que ie le publie en autant de Langues que ie suis
capable d'en écrire, jusques à ce que, la nature m'ayant acquis plus d'intelligence, ie puisse offrir à Vostre Maiesté des fruits de mon travail, plus dignes de luy estre presentez. Cependant, comme Dieu écoute particulièrement
les prières de ceux de mon âge, agréez, s'il vous plaist, Sire, que ie luy offre
les miennes de tout mon coeur, pour la santé et prospérité de Vostre Maiesté.

Sire

De Vostre Maiesté,
Les très humble, très obeissant et
très fidelle serviteur et suiet
De Carcavy.

Carcavi fut remercié par Louvois, remplacé à l'Académie et à la Bibliothéque par l'abbé Gallois; il survécut peu à la disgrace: il mourut dans
l'année 1684.

---

(1) Bibliothèque Nationale. Ms. f. Nouv. acq. 1327. f. 253.
(2 Gloria sæculi virtus Cæsaris.

Les contemporains sont unanimes, à louer la science et la courtoisie de Carcavi. Spon lui dedia en 1673 son ouvrage intitulé « *Recherche des An-* » *tiquités et Curiosités de la Ville de Lyon* » (1), avec la lettre dédicatoire suivante (2):

« A MONSIEVR
» LE MONSIEVR DE CARCAVY,
» cy-devant Conseiller du Roy
» en son grand Conseil, & Garde
» de sa bibliotheque.
» *MONSIEVR,*
» *Je croy qu'on ne scaurait mieux dedier les* » *Antiquités d'une des Principales Villes du* » *Royaume, qu'à celuy qui est l'Intendant de tou-* » *tes celles du Roy, & qu'il est iuste de presenter* » *des Inscriptions & des Medailles Antiques, à* » *ceux qui les connaissent les mieux. Ces deux* » *raisons jointes à la grace que vous me fites lors* » *que j'étais à Paris, de me donner souvent l'en-* » *trée du Cabinet de Médailles de sa Majesté,* » *m'a fait prendre la hardiesse de mettre vôtre* » *nom au devant de ce petit Recueil. Je confesse* » *MONSIEVR, que le peu que j'y voy de mon* » *l'industrie, me devroit empécher de vous* » *offrir, et que n'étant considérable, que par* » *une matiere que vous connoissez à fonds, ie* » *ne dois pas pretendre de vous en faire pre-* » *sent. Ce n'est pas aussi mon dessein. Mais* » *n'ayant pú resister à deux charmantes pas-* » *sions; l'Amour de ma patrie & celuy des* » *Antiquités, j'ay esperé qu'en méme tems* » *que j'en donnerois des marques à tout le Mon-* » *de, vous accepteriés aussi celle de ma reconnois-* » *sance, qui ne sera pas à la verité proportion-*

» *née aux Faveurs que j'ai receu de vous:* » *mais il est des obligations qu'on est bien-ai-* » *se de ne pas payer entierement, bien que la* » *chose fut en nostre pouvoir, & il est plus hon-* » *néte de se reconnoitre toujours redevable à* » *des Personnes de vôtre rang et de vôtre mé-* » *rite, que d'avoir l'ambition de vouloir acqui-* » *ter ses debtes, quand méme on n'en exige point* » *le payement. Au reste, MONSIEVR, quoi* » *que je n'aye point épargné mes soins, j'ap-* » *prehende que vous ne trouviés pas tout ce* » *que le tiltre des Antiquités de Lyon sem-* » *ble promettre: en ce cas-là, ie vous sup-* » *plie de considérer que les moindres restes des* » *bonnes choses sont inestimables: & que le prin-* » *cipal motif que j'ay eu de mettre sous la Presse* » *un Receüil que j'avois du commencement fait* » *pour mon vsage particulier, a été de té-* » *moigner à mille Curieux qui le pourront* » *voir, la passion que j'ay de me dire en au-* » *tant d'endroits du Monde avec toute sorte* « *de respect*
» MONSIEVR
» A Lyon ce 30
» May 1673

» Votre tres-humble & tres
» obéïssant serviteur
» I. SPON. D. M. »

Nous lisons dans les *Mémoires* de Marolles (3) :

« Pierre de *Carcavi*, de Lyon, Con-
» seiller au Parlement de Toulouse, &
» depuis au grand Conseil, qui m'a don-
» né sujet de croire qu'il n'aime pas fort
» les Vers françois, & sur-tout du genre
» de ceux qui traduisent Virgile, sans
» avoir rien lu de ma Version de ce Poë-
» te; car il n'avoit pas encore ouvert le
» Livre que je lui donnai de cet Ouvrage,
» ne pouvant s'imaginer aussi que quel-
» qu'un y pût jamais réussir après M. le
» Cardinal du Perron, qui, pour être
» allé le plus loin de tous, sur ce sujet,
» en avoit fait néanmoins vainement la
» tentative. Il n'a pas laissé de me donner
» des marques de sa bienveillance, &
» de me faire part de son Histoire de la
» Roullette, appellée autrement la *Tro-*
» *choïde*, ou la *Cycloïde*, dans laquelle
» Antoine d'*Etonville* (65) rapporte par

» quels dégrés on est arrivé à la connois-
» sance de la nature de cette ligne. Ce
» qui fut écrit après les raisonnemens
» faits sur ce sujet par Roberval & autres
» Mathématiciens. C'est encore par les
» mains de M. Carcavi que j'ai eu le Li-
» vre des Droits de la Reine, sur le Bra-
» bant; comme ç'a été par ses soins obli-
» geans que mes premiers Livres d'Es-
» tampes sont entrés dans la Bibliothèque
» roïale. Il a fait un grand travail sur les
» Médailles antiques, sans qu'il lui soit
» nécessaire de chercher d'autres secours,
» que de la prodigieuse abondance, dont
» il est le fidele dépositaire, depuis la
» mort de M. *Bruneau*, Abbé de Saint
» Cyprien de Poitiers, qui fut miserable-
» ment assassiné dans le Louvre par un
» Voleur inhumain.

» Baillet ; il est mort en
» 1684. Voïez aussi le *Sor-*
» *beriana*, pag. 86. »

(65) C'est le célèbre Blai-
» se Pascal. Il est beaucoup
» parlé de M. de Carcavi dans
» la vie de Descartes, par M.

---

(1) Les armes de Carcavi sont placées en face de la dédicace sur le *verso* du second feuillet.

(2) RECHERCHE ‖ DES ANTIQVITES ‖ ET CVRIOSITÉS ‖ DE LA VILLE ‖ DE LYON, ‖ Ancienne Colonie des Romains ‖ & Capitale de la Gaule ‖ Celtique. ‖ *Avec un Mémoire des Principaux Antiquaires* ‖ *& Curieux de l'Europe* ‖ A LYON ‖ De l'Imprimerie de JACQUES FAETON. ‖ M.DC.LXXIII. ‖ Avec permission des Supérieurs, page n. n. lig. 1—16, p. n. n. 6, page n. n. 7, lig. 1—14.

(3) MEMOIRES ‖ DE MICHEL ‖ DE ‖ MAROLLES, ‖ L'ABBÉ DE VILLELOIN. ‖ AVEC DES NOTES HISTO-RIQUES ‖ ET CRITIQUES. ‖ TOME TROISIEME ‖ A AMSTERDAM. ‖ M. DCC. LV, page 251, lig. 6—25, col. 1, lig. 5—6, col. 2, page 252, lig. 1—19.

Sorbière, généralement mauvaise langue, est bienveillant. On lit en effet dans le *Sorberiana* (1)

> * « CARCAVIUS. Carcavius pater erat Trapezita, Cadurcensis, Lugduno oriundus, filius verò in aliud forum conversus, litteris scilicet imbutus, Senatorio primum munere Tolosae Tectosagum functus, Lutetiæ mox in magno consilio Senator fuerat: sed accisis rebus quò fidem patris & suam liberaret, magno sane animo clavum deposuerat, & Liancurtio operam suam locaverat. Permultos annos privatus ea sorte usus est optimus (*sic*) Carcavius, ex libris & uxore non ineleganti, quam cælebs sine dote duxit, solatium quærens. Verùm susceptâ sensim numerosâ familiâ prospiciendum illi fuit, & qui p. 87. Fucqueto cœperat admoveri tardiusculè, Colberti animum per Bourzeium statim invasit. Nempè oblatus quo anno in regni administrum amoto Fucqueto evaserat, qui Chartas & Schedas à Mazarino relictas in ordinem digereret, cui labori totum triennium incubuit Carcavius. Quo autem peracto de aliâ Provin-

p. 88. > ciâ suscipiendâ cogitandum illi fuit, ut se patrono suo necessarium redderet, cujus rei fælicem occasionem præbuit ædium Bautrüanarum emptio, Bibliothecæ in pergulâ amænissimâ dispositio, & de fovendis bonis artibus jam suborta cogitatio. In ista omnia pronum ut impelleret Colbertum, Carcavius süasit, ut in ædibus viciuis ære publico coëmptis institueretur Doctorum & solertium virorum Academia, atque ut eodem transferrentur quotquot Rex libros haberet, vel recens compararet, ut in ordinem disponerentur, adeò ut cùm in Luparam migrarent, nihil negotii superesset: præclarum duxit Colbertus res istas aggredi, dùm Carcavio superstite potiretur, jussitque ut rei propositæ manus quam primùm admoveret. Ita Carcavius rei litterariæ secundùm Bourzeyum summus dictator apud Colbertum evasit, atque adeò apud Regem. Hinc origo Accademiæ, quæ dicitur Regia, Colbertiana, seu Carcaviana ».

Moreri est aussi favorable (2). Voici l'article que lui consacra Pernetty (3):

---

(1) SORBERIANA ‖ *SIVE* ‖ EXCERPTA ‖ EX ORE ‖ SAMUËLIS SORBIERE. ‖ PRODEUNT EX MUSÆO ‖ FRANCISCI GRAVEROL. J. ‖ U. D. & Academici Regii Ne-‖mausensis. ‖ *ACCEDUNT EJUSDEM, TUM* ‖ *Epistola de vita & scriptis* SAMUËLIS (*sic*) SORBIERE & JOAN. BAPT. CO-‖TELIER, *tùm Epulæ ferales, sive* ‖ *Fragmenti Marmoris Nemausini explanatio.* ‖ TOLOSÆ. ‖ Typis GUILLELMI-LUDOVICI CO-‖LOMYEZ & HIER. POSCEL, ‖ Regis Typograph. ‖ M. DC. XCI. ‖ *CUM PRIVILEGIO REGIS*, page 86, lig. 8—26, page 87, page 88, lig. 1—9.

(2) On lit en effet dans la dernière édition de son DICTIONNAIRE HISTORIQUE (LE GRAND ‖ DICTIONNAIRE ‖ HISTORIQUE, ‖ OU ‖ *LE MÉLANGE CURIEUX* ‖ DE L'HISTOIRE ‖ SACRÉE ET PROFANE, etc. ‖ Par M.re LOUIS MORÉRI. Prêtre Docteur en Théologie. ‖ *NOUVELLE ÉDITION, dans laquelle on a refondu les Supplémens de M. l'Abbé GOUJET.* ‖ Le tout revu, corrigé & augmenté par M. DROUET. ‖ *TOME TROISIEME.* ‖ A PARIS, ‖ etc. M.D.CC.LIX. ‖ etc., page 188, col. 1, lig. 62—73, col. 2, lig. 1—3:

> « CARCAVI (Pierre de) savant du dernier siècle & l'ami des gens de lettres, étoit de Lyon. Il fut d'abord conseiller au parlement de Toulouse, & le confident des études de M. de Fermat, son confrere au même parlement, & habile mathématicien, qui le fit à sa mort dépositaire de ses écrits. Comme il avoit aussi étudié les mathématiques pour lesquelles il avoit du gout, il se rendit le correspondant du célèbre M. Descartes à Paris, après la mort du pere Mersenne, minime, & l'on trouve plusieurs de ses lettres parmi celles du premier. Leur connoissance avoit commencé dès l'an 1646, mais leur correspondance ne fut liée qu'en 1649. M. de Carcavi avoit quitté dès lors le parlement de Toulouse, pour venir s'établir à Paris, où il fut conseiller au grand conseil, & garde de la bibliothéque du roi, jusqu'à la mort de M. Colbert. Il y devint ami particulier de M. Pascal, & de M. de Roberval, tous deux grands mathématiciens. Ils se communiquoient mutuellement leurs lumières. Mais M. de Carcavi ayant pris avec trop de chaleur le parti de M. de Roberval, qui ne cherchait qu'à chicaner M. Descartes, ce dernier le fit remercier de sa correspondance par M. Clerselier, & rompit commerce avec lui. Une autre raison le détermina encore à cette conduite, c'est qu'il ne trouvoit pas dans M. de Carcavi la même profondeur dans les mathématiques, ni les mêmes égards pour lui, qu'il avoit trouvés dans le pere Mersenne. M. de Carcavi entra en 1645 dans la dispute qui s'éleva entre les plus célèbres mathématiciens de ce temps-là, sur la quadrature du cercle, & il donna comme eux ses démonstrations, pour en montrer l'impossibilité. Il avoit une grande connoissance des livres, & avoit étudié les antiquités & les médailles. Il est parlé de lui avec mépris, mais sans raison, dans deux ou trois endroits d'un livre singulier, où il est appellé par dérision, sans doute, *Caricavi*. Ce livre a pour titre: *le Réveil matin, fait par M. Bertrand pour réveiller les pretendus savans mathématiciens de l'académie royale de Paris, in-8°*; à Hambourg en 1674, *imprimé par Bertrand, libraire ordinaire de l'académie de Bertrand, avec privilege de Bertrand*. M. de Carcavi est mort en 1684. Il a laissé un fils nommé *Charles-Alexandre*, qui étoit abbé, & qui est mort à Paris en février 1723. Baillet, *vie de Descartes, in-4°. en plusieurs endroits, &c.* »

(3) RECHERCHES ‖ POUR SERVIR ‖ A L'HISTOIRE DE LYON, ‖ OU ‖ *LES LYONNOIS* ‖ DIGNES DE MÉMOIRE. ‖ *TOME SECOND,* ‖ *A LYON,* ‖ Chez LES FRERES DUPLAIN, Libraires, ‖ grande rue Merciere ‖ M.DCC.LVII ‖ *AVEC PRIVILEGE DU Roi*, page 110, lig. 23—28, page 111, page 112, lig. 1—22.

« PIERRE DE CARCAVI, né » à Lyon, je ne sais quelle année, mort » à Paris en 1684, fut d'abord Conseiller au Parlement de Toulouse. Les Mathématiques le lièrent avec Mr. Format (*sic*), » son confrère dans ce Parlement. Ce Savant, le fit à sa mort le dépositaire de » ses écrits. Il se transplanta alors à Paris, » & y acheta une charge de Conseiller » au grand Conseil. On le fit Garde de » la bibliothèque du Roi, & il conserva » cette place jusqu'à la mort du grand » Colbert. A celle du P. Mersenne il succéda à sa correspondance avec le célèbre Descartes. La chaleur avec laquelle » il prit le parti de Mr. de Roberval contre Descartes les brouilla. Pascal ne l'en » aima que davantage, & ne dédaignoit » pas de le consulter.

» En 1645, Mr. de Carcavi entra dans » la dispute qui s'éleva entre les plus savants Mathématiciens de l'Europe sur » la quadrature du cercle : il donna des » démonstrations pour en montrer l'impossibilité. Cette guerre lui attira des » injures, qu'il ne méritoit pas. Il seroit » bien temps de les bannir des discussions » philosophiques, faites pour éclairer les » esprits, & non pour aigrir les cœurs. » La vraie Philosophie sait mépriser les » injures & n'en sait pas dire.

» Mr. de Carcavi avoit une grande connoissance des livres, & avoit étudié les » antiquités & les médailles. Sa patrie » l'avoit perdu de bonne heure : elle n'a » joui que de sa réputation. La seule relation qu'il eût dans cette ville, étoit » avec Mr. de Regnauld, grand Mathématicien, dont nous allons parler. Il » laissa un fils, Charles-Alexandre, mort » Abbé à Paris en 1723.

» Entre les livres dont il a enrichi la » bibliothèque du Roy est l'exemplaire » extrêmement rare de la *Biblia española*, » &c. qu'il acheta fort cher d'un nommé » Gaffarel. Cette Bible, qui est calviniste, a été mise au jour par Cassidore » Reyna, dont le nom est désigné par » ces deux lettres c. r. que l'on remarque à la fin de la préface, qui est latine. Elle est connue sous le nom de *Bible* » *de l'ours*, à cause que cet animal s'y » trouve représenté dans la vignette du » frontispice : ce qui fait conjecturer » qu'elle a été plutôt imprimée à Berne » qu'à Basle. »

En somme, si Louis XIV a pu être regardé comme le fondateur du Cabinet des Médailles et comme le second fondateur de la Bibliothèque, c'est grâce à l'activité infatigable et à l'immense érudition de Carcavi. Il a succédé à Mersenne dans le rôle si indispensable au XVIIe siècle d'intermédiaire des Savants : il a eu l'amitié de Pascal et de Fermat, la confiance de Colbert. Ne sont ce pas là des titres suffisants aux yeux de la Posterité, et ne convient il pas de reporter sur cet homme modeste et ignoré un peu de la gloire du Grand Roi ?